国家中等职业教育改革发展示范学校建设项目成果

网站功能开发

主　编　张树霞

副主编　陈武钗

参　编　吴多万　陈静君　严建辉　邱佳琳

机械工业出版社

本书以“工学一体”课程设计理念为指导，以企业实际工作过程为主线，主要介绍在 XAMPP 开发环境下使用 PHP 程序开发语言、Dreamweaver CS5 和 MySQL 数据库系统进行动态网站的典型功能开发。

本书内容包括 PHP 程序开发语言、MySQL 数据库、HTML、JavaScript、CSS、软件工程等，知识点覆盖范围较广，工作过程清晰流畅，语言通俗易懂，可作为各类职业院校计算机专业动态网站课程的教材，也可作为动态网站设计与开发初学者的自学参考用书。

本书配有电子课件，可登录机械工业出版社教材服务网（www.cmpedu.com）以教师身份免费注册下载或联系编辑（010-88379197）咨询。

图书在版编目（CIP）数据

网站功能开发/张树霞主编. —北京：机械工业出版社，2013.6
ISBN 978-7-111-42907-4

Ⅰ.①网… Ⅱ.①张… Ⅲ.①网站—开发 Ⅳ.①TP393.092

中国版本图书馆 CIP 数据核字（2013）第 129430 号

机械工业出版社（北京市百万庄大街 22 号 邮政编码 100037）
策划编辑：梁 伟 责任编辑：李绍坤
责任印制：杨 曦
北京中兴印刷有限公司印刷
2013 年 8 月第 1 版第 1 次印刷
184mm×260mm · 10.25 印张 · 250 千字
0 001—2 000 册
标准书号：ISBN 978-7-111-42907-4
定价：33.00 元

凡购本书，如有缺页、倒页、脱页，由本社发行部调换

电话服务 网络服务
社服务中心：(010)88361066 教 材 网：http://www.cmpedu.com
销 售 一 部：(010)68326294 机工官网：http://www.cmpbook.com
销 售 二 部：(010)88379649 机工官博：http://weibo.com/cmp1952
读者服务部：(010)88379203 **封面无防伪标均为盗版**

前　言

本书以职业活动为导向、以校企合作为基础、以综合职业能力培养为核心、理论教学与实践教学相融通，实现学习内容与职业标准对接、学习过程与生产过程对接，达到使用零距离就业的一体化课程教学方法来培养技能型人才的目的。

本书根据工学结合一体化课程理念编写，以企业实际工作过程为学习流程，以 XAMPP 为动态网页开发环境，使用 PHP 程序开发语言、Dreamweaver CS5 和 MySQL 数据库系统开发动态网页的关键功能模块，内容涵盖 PHP 程序开发语言、MySQL 数据库、HTML、JavaScript、CSS、软件工程、软件测试等主流动态网页开发语言和软件编程思想，完整地展现动态网页开发过程中的“工学一体”思想，方便读者学习动态网页的功能模块开发在企业中的真实工作过程及开发流程。

本书由张树霞任主编，陈武钗任副主编，参与编写的还有吴多万、陈静君、严建辉和邱佳琳。

由于编者水平有限，本书难免存在一些不足之处，恳请读者提出宝贵意见和建议。

编　者

目 录

任务 1　留言板制作

学习目标

1）开展需求调研，与客户进行沟通，获取需求信息，描述业务功能的详细需求，并最终转化成需求规格说明书。

2）通过查阅资料，掌握 PHP、ASP.NET、JSP 三种动态网页程序开发语言的异同。

3）根据需求规格说明书，利用 Dreamweaver、画图工具或 Photoshop 软件设计界面原型。

4）使用 XAMPP 开发环境，完成 Web 应用服务器及 MySQL 数据库服务器的搭建。使用 Dreamweaver 软件，完成动态网页站点的搭建。

5）应用 PHP 的基本语法，完成嵌入代码、输出信息、包含公共文件等功能。

6）掌握表单的定义方法，表单提交与获取数据的方式，能够合理利用$_POST 及$_GET 预定义变量，正确提交与获取表单数据。

7）学会使用 phpMyAdmin 管理 MySQL 数据库，学会 SQL 的基本语法，根据情境编写简单的 SQL 语句对留言进行查询、插入操作，并能够通过 PHP 的内置函数访问 MySQL 数据库服务器。

8）通过合理规划编写 PHP 代码，完成添加留言、显示留言功能，并应用功能测试方法完成代码的测试。

9）编制任务总结，完成任务。

建议学时：56 学时。

任务情境描述

某校办企业为了满足越来越多的用户进行信息反馈与业务咨询的需求，更好地推广企业产品，树立品牌文化，由市场部提出增加客户留言的功能，即在门户网站增加客户留言板的功能。

IT 部门在接到开发任务后，经过讨论研究，初步确定使用 PHP+MySQL 作为开发语言，以便快速响应业务需求；确定软件工程师小张为留言板功能的开发人员，全程负责留言板功能的开发与实施工作。

软件工程师小张在接到留言板功能的开发任务后，马上对职能部门的业务人员（以下称用户）进行需求调研，经过双方充分的沟通与确认后形成需求规格说明书。

完成需求分析工作之后，小张根据需求规格说明书，完成网站功能的界面原型和概要设计工作，并完成工作任务分解，制订开发计划，提交项目经理审核。

项目经理审核通过后，小张根据审核确认后的各类文档，着手进行网站功能的开发工作。小张对留言板功能所需要的资源进行准备，包括 XAMPP 开发环境、PHP 帮助手册、MySQL 帮助手册、DIV+CSS 帮助手册等，并对留言板功能进行了详细的设计工作，包括代码结构设计与数据库逻辑结构设计，提交项目经理审核。

项目经理审核无误后，由小张根据确认结果进行项目开发。由于小张首次独自承接开发任务，因此在实施前期需要在短时间内不断地查找资料，包括 DIV+CSS 页面布局知识、数据库基础知识、PHP 基础知识等内容。

当小张对 PHP+MySQL 开发动态网页有了足够的认识之后，便展开留言板功能的代码编写工作，步骤如下：①利用 phpMyAdmin 创建数据库 message-board 与数据表 message。②使用 Dreamweaver 完成代码的结构设计工作，包括创建站点和图像文件夹 images、建立 Logo 与版权信息等文件。③完成前台界面设计工作，包括页面美化工作。④根据代码结构完成添加留言、显示留言的功能。⑤对代码进行单元测试及集成测试。

小张完成留言板功能的开发任务后，提交测试人员进行黑盒测试，并提交程序文件至系统管理员处，完成网站功能模块与企业网站功能的资源整合。由测试人员出具测试报告，对用户进行网站功能的使用方法培训，系统进入试运行阶段，并收集用户的试用情况反馈，及时对功能模块进行完善。

试运行结束后，IT 部和市场部组织项目验收工作，并正式移交留言板功能模块至系统管理员处，结束留言板功能模块的全部开发与实施工作。网站功能正式上线，进入功能模块的维护阶段。

任务流程与活动

留言板制作功能的任务流程与活动如下。

1）需求调研分析。

2）留言板功能设计。

3）留言板功能实现。

4）留言板功能测试。

5）留言板功能验收。

任务准备

在动态网站项目的实际开发过程中，根据项目的实际规模与开发需求，需要成立软件开发团队以协作完成任务。设置的岗位包括项目经理、需求工程师、系统分析师、前端工程师（美工）、软件工程师、测试工程师等，其中，项目经理的主要职责是统筹规划项目的实施，制订开发计划，协调项目组成员及客户/用户之间的关系等，此职位由具备丰富的项目管理经验及丰富的软件开发经验的人员担当；需求工程师的主要职责是组织客户/用户进行需求调研，撰写需求规格说明书，协助系统分析师完成需求的解释等；系统分析师的主要职责是对软件项目进行整体规划、需求分析、核心架构设计、指导并组织管理项目开发过程；前端工程师即美工的主要职责是完成动态网站的界面设计，是提高用户体验的关键环节；软件工程师的主要职责是在前端页面的基础上完成后台功能处理，如与 Web 应用服务器及数据库服务器的交互等；测试工程师的主要职责是在动态网站相关功能开发完毕后，根据需求规格说明书中的功能需求及非功能需求，对软件工程师提交的系统功能进行测试。所以，在开展任务之前，为了更好地体验角色，应组建自己的开发团队，并填写开发团队信息（见表 1-1）。

表 1-1　开发团队信息

团队名称	
项目经理	
需求工程师	
系统分析师	
前端工程师（美工）	
软件工程师	
测试工程师	
备注：软件开发团队的岗位设置情况视实际情况而定，如本团队无该岗位，则写“无”	

活动 1　需求调研分析

学习目标

通过情景模拟的方式，与客户沟通交流，并掌握以下技能。

1）能够描述留言板功能的业务用户、系统名称。

2）能够描述留言板的总体需求与功能需求。

3）能够使用 Microsoft Office 软件绘制留言板功能的基本框图。

4）能够整理需求调研结果，转化为用户需求说明书。

知识准备

软件需求一般是用户解决问题或达到某种目的所需要的条件或功能。软件需求的获取主要通过需求调研完成。需求调研的主要任务是通过与用户沟通获得系统需要在何种条件下具备何种功能。在软件开发前期，一般由企业专门从事需求调研的需求工程师对客户进行需求调研，整理客户需求，编制用户需求说明书。常用的获取需求的方法包括用户访谈、问卷调查法、考查现场和资料查询法等，其中用户访谈是获取软件需求的最直接、最有效的方法之一，即通过电话、QQ 等即时通信工具，或者电子邮件、面对面交谈、会议讨论等方式，解决软件用户要“做什么”的问题，即功能需求。

需求调研及编制用户需求说明书是进行软件系统设计与实现的前奏，如果需求调研不充分，用户需求描述不完整、不准确，则将会严重影响项目的建设进度乃至项目的质量，甚至直接决定项目的成败。因此，软件企业的需求工程师岗位相当重要。当需求工程师经过一定的经验积累，具有丰富的软件开发经验和相关的技术背景以及具有较强的管理和组织等方面的能力之后，便可以成长为技术经理或项目经理，发展前景相当不错。

学习过程

需求调研一般的流程为组织人员→业务用户访谈→确认需求→形成需求规格说明书，其中主要涉及的人员角色包括需求工程师、业务用户/客户、系统分析师等。

信息收集

通过使用微博、个人博客、论坛、日志空间等网络应用，认识留言板及其相似功能，为后续留言板功能的需求分析、系统设计与功能实现作准备。请根据以下引导问题开始留言板功能的开发。

1）随着互联网技术的飞速发展，越来越多的人喜欢通过微博、个人博客、论坛、QQ 日志空间、校友录等网络应用，抒发情感、分享喜怒哀乐，展示个人才华与专业技术知识，发表评论，拓宽社交网络与沟通感情等。请在这里写出你使用过的社交网络应用。

2）在这个互联网通信工具异常发达的时代，你是否申请过腾讯公司的 QQ 账号？如果没有，那么你就落伍了。赶快去申请账号，开通 QQ 空间，并在此处写下你的腾讯 QQ 账号，让大家从此一起分享喜怒哀乐、专业才情。

3）使用你的 QQ 账号在 QQ 空间发表一条日志，注意仔细观察发表过程及发表后的界面现象。请在此处以“输入……操作……事件……输出……”的方式尽可能详细地描述日志的发表过程及结果界面显示内容。

4）登录 QQ 后，与周围的同学一起互相添加为好友，并对其发表的日志进行评论。观察评论发表前后的界面变化。

5）在好友的 QQ 空间进行留言，观察留言需要输入的信息项，并用尽可能清晰的语言详细描述留言前后的界面变化。

6）发表及评论 QQ 日志是最常见的一种留言板功能。经过上述认知，请借助互联网搜索引擎写出“留言板”功能的定义。

总体需求

总体需求是需求工程师通过与客户进行沟通，得出的宏观的、整体的系统需求或实现目标，如系统总体规划、开发背景、总体功能需求、系统业务用户等信息。

1. 通常情况下，软件的生命周期包括定义、开发和运行维护三个时期。每个时期又可以进一步分为若干个阶段，如①问题定义，②可性行研究，③需求分析，④概要设计，⑤详细设计，⑥编码和单元测试，⑦综合测试，⑧软件维护等。每一个阶段均有特定的任务，从而保障软件的正常实施与运行。请通过查阅资料，在下画线处填写以上 8 个阶段对应的序号（见图 1-1）。

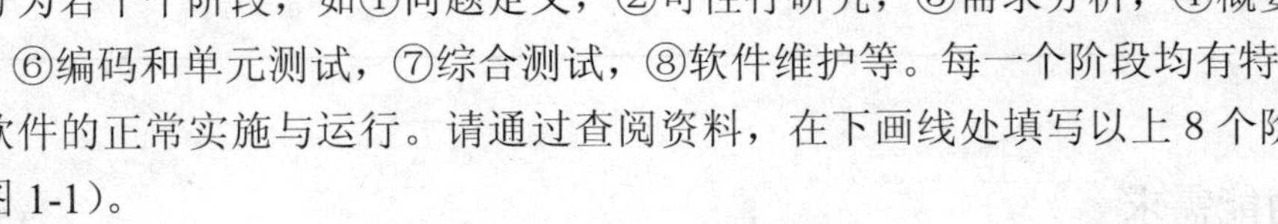

图1-1　软件生命周期

2）通过查阅资料，将软件生命周期的 8 个阶段与其基本任务进行连线（见图 1-2）。

①问题定义
②可行性研究
③需求分析
④概要设计
⑤详细设计
⑥编码和单元测试
⑦综合测试
⑧软件维护

A、要解决的问题是什么？
B、怎样实现目标系统？
C、应该怎样具体地实现目标系统？
D、目标系统必须做什么？
E、上一个阶段确定的问题是否有解决办法？
F、如何保证系统持久地满足用户的需要？
G、软件是否达到预定的要求？
H、怎样写出正确的、容易理解与维护的程序模块？

图1-2　软件生命周期的阶段及基本任务

以上 8 个阶段可以根据实际情况进行取舍，如概要设计与详细设计可合并为功能设计，编码和单元测试可合并为功能实现等。请仔细阅读任务情境描述，认真梳理留言板功能，回答以下问题。

3）留言板功能的开发背景是什么？

4）留言板功能要解决的问题是什么？

5）留言板功能的业务用户是谁？是学生、教师、好友、游客、陌生人还是其他人？

功能需求

“好技网”留言板功能至少需要包含添加留言和显示留言等业务功能，请参考“好技网”留言板界面原型、QQ 空间留言板以及 QQ 日志的评论与回复等功能，回答以下调研提纲的问题。

1）通过观察口述添加留言的业务功能，提炼并填写实现添加留言功能时需要用户输入或重点关注的信息，例如，作者、留言主题等。

2）通过观察口述显示留言的业务功能，提炼并填写实现显示留言功能时需要展示的关键信息。

3）通过对比提炼的添加留言与显示留言的信息项，分析哪些信息项是由用户手工输入或填写的，哪些信息项是未经用户干预而由系统自动产生的？

用户输入的信息项：

系统自动产生的信息项：

4）根据调研结果，使用 Microsoft Office 软件绘制留言板功能的程序功能图，并填写绘制结果（见图 1-3）。

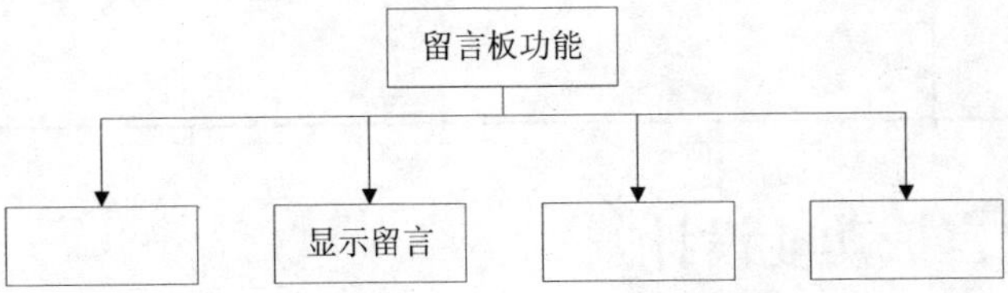

图1-3　留言板功能的程序功能图

活动评价

活动 1 考核评价表

评价内容	指标	评价项目	评价方式			综合评价
			自评	组评	师评	
			0.2	0.3	0.5	
专业能力 (60 分)	知识 技能	信息收集				
		总体需求				
		功能需求				

（续）

评价内容	指标	评价项目	评价方式			综合评价
			自评	组评	师评	
			0.2	0.3	0.5	
社会能力（30分）	情感态度	出勤、纪律				
		学习态度				
	团队合作	讨论、互动				
		协作精神				
	沟通能力	语言表达				
		沟通领会				
方法能力（10分）	方法能力	学习能力				
		收集和处理信息的能力				
		创新精神				
合　计						
学生对活动的综合评价						
教师对活动的综合评价						

活动2　留言板功能设计

学习目标

1）能够根据需求调研分析结果，绘制出满足客户需求的界面原型。

2）能够根据客户的描述，结合留言板功能的广泛应用，确定留言板功能的数据库结构。

3）能够正确设置关系数据库的主键。

知识准备

网站与网页

网站是网页相互链接的集合，网站就像一本书，网页就像书中的页。网页是由 HTML 或者其他语言编写而成的，是网站的基本信息单位。用户通过 Web 浏览器可以访问网站的内容。网页的扩展名多为“.htm”“.html”“.asp”“.aspx”“.jsp”和“.php”等。主页是访问者输入域名后最先访问的页面，其中包含指向其他网页的超链接。主页文件名一般用 index 或者 default，扩展名取决于网站所采用的技术类型，如：index.php。

根据上述知识，通过查阅资料完成下列题目。

1）网页的基本构成元素包括哪些内容？

2）找出程序扩展名与技术类型的对应关系，并画线连接（见图 1-4）。

①Index.php	A、HTML
②Index.html	B、ASP
③Index.asp	C、ASP.NET
④Index.aspx	D、JSP
⑤Index.jsp	E、PHP

图1-4　程序扩展名与技术类型的对应关系

静态网页与动态网页

在网站制作过程中，一般包括静态网页制作技术和动态网页制作技术两种。无论静态网页还是动态网页，均需要 Web 服务器才可以运行。请查阅资料完成以下问题。

1）什么是静态网页？

2）什么是动态网页？

3）什么是 Web 服务器？常用的 Web 服务器包括哪些？

4）写出静态网页与动态网页的根本区别。

动态网页开发语言对比

动态网页开发语言是编写动态网页相关程序的计算机高级语言。目前，最常用的动态网页开发语言有 ASP(Active Server Pages)、JSP(Java Server Pages) 和 PHP (Hypertext Preprocessor)。通过查阅资料完成以下任务。

1）写出你所了解的计算机程序设计语言。

2）简要介绍 ASP 语言的概念。

3）简要介绍 JSP 语言的概念。

4）简要介绍 PHP 语言的概念。

5）根据所掌握的信息，完成 ASP、JSP 与 PHP 三种语言的性能特点对比，见表 1-2。

表 1-2　三种语言的性能特点对比

指标＼语言	ASP	JSP	PHP
操作系统	□ Win32 □ Linux □ 均可	□ Win32 □ Linux □ 均可	□ Win32 □ Linux □ 均可
Web 服务器	□ Apache □ IIS □ 均可	□ Apache □ IIS □ 均可	□ Apache □ IIS □ 均可
执行效率	□ 极快 □ 快 □ 慢	□ 极快 □ 快 □ 慢	□ 极快 □ 快 □ 慢
稳定性	□ 稳定 □ 不稳定 □ 一般	□ 稳定 □ 不稳定 □ 一般	□ 稳定 □ 不稳定 □ 一般
学习门槛	□ 高　□ 低	□ 高　□ 低	□ 高　□ 低
系统安全	□ 好　□ 差	□ 好　□ 差	□ 好　□ 差
升级速度	□ 快　□ 慢	□ 快　□ 慢	□ 快　□ 慢
开发速度	□ 快　□ 慢	□ 快　□ 慢	□ 快　□ 慢

MySQL 数据库基础

在动态网页的页面加载与运行过程中，需要根据功能需求将用户在前台输入的数据进行存储，也需要从支撑网站运行的后台数据的仓库中读取数据、维护数据等，其中用来存储与读取数据的仓库即为数据库。简言之，数据库就是用来按照一定的结构存取数据信息的。请查阅资料完成以下问题。

1）什么是数据库？

2）什么是关系数据库？

3）什么是数据表？

4）什么是数据库管理系统？

5）什么是数据库服务器？

6）根据你的理解，详细描述数据库服务器、数据库管理系统、关系数据库、数据表、记录、属性之间的关系。

7）写出常见的关系型数据库管理系统产品及其主要应用领域。

8）简述 MySQL 数据库及其特点。

学习过程

通过查询与搜集资料完成以下任务。

1）写出网页的主要结构。

2）写出常用的网页界面布局方式。

3）通过对留言板功能的需求调研分析结果，结合互联网中常见的留言板功能绘制出符合客户需求的留言板功能界面。

4）通过对留言板功能的调研分析，设计出符合需求的数据结构，写出采集数据项及其属性，见表 1-3。

表 1-3 留言板功能数据结构

信息项	数据类型	允许最大长度	是否唯一	是否允许空	备注
	□字母或数字 □数字 □日期		□是 □否	□是 □否	
	□字母或数字 □数字 □日期		□是 □否	□是 □否	
	□字母或数字 □数字 □日期		□是 □否	□是 □否	
	□字母或数字 □数字 □日期		□是 □否	□是 □否	
	□字母或数字 □数字 □日期		□是 □否	□是 □否	
	□字母或数字 □数字 □日期		□是 □否	□是 □否	
	□字母或数字 □数字 □日期		□是 □否	□是 □否	
	□字母或数字 □数字 □日期		□是 □否	□是 □否	

5）对于数据关系比较单一的留言板功能，其信息项的数据类型、最大长度、是否允许空、是否唯一等属性，通常与数据库的表结构有对应关系，即可以直接把需求调研分析得出的信息项转化为关系数据表及其字段。根据以上思路，完成留言板功能的数据库物理结构设计，见表 1-4。

表 1-4 留言板功能的数据库物理结构设计

数据库名称		数据表名称			
字段名称	数据类型	允许最大长度	是否唯一	是否允许空	备注

活动评价

活动 2 考核评价表

评价内容	指标	评价项目	评价方式			综合评价
			自评	组评	师评	
			0.2	0.3	0.5	
专业能力 (60 分)	知识技能	信息收集				
		界面设计				
		数据结构设计				
社会能力 (30 分)	情感态度	出勤、纪律				
		学习态度				
	团队合作	讨论、互动				
		协作精神				
	沟通能力	语言表达				
		沟通领会				
方法能力 (10 分)	方法能力	学习能力				
		收集和处理信息的能力				
		创新精神				
合　计						
学生对活动的综合评价						
教师对活动的综合评价						

活动 3　留言板功能实现

学习目标

1）学会使用开发环境，包括 XAMPP 开发环境、phpMyAdmin 数据库管理工具、Dreamweaver CS5。

2）学会 PHP 的基础知识，包括：①变量的定义与使用，运算符的使用。②PHP 内置函数的使用，如 include、echo 等函数的使用。③PHP 访问数据库的关键步骤及常用函数，如 mysql_connect、mysql_select_db、mysql_query、mysql_close、mysql_fetch_array 等。⑤PHP 的预定义变量，如$_POST、$_GET 的使用。⑥PHP 的简单流程控制功能，如 while

循环语句。

3）掌握 HTML 及页面布局基础知识，包括：①表单、表单元素的定义与使用。②表单提交数据的方式，如 POST 与 GET 方法。

4）掌握 MySQL 基础知识，包括：①数据库及数据表的概念。②简单 SQL 语句的使用，如插入和查询语句。③关系数据库的记录、属性与主键的概念。

知识准备

PHP+MySQL 动态网页开发流程

结合 XAMPP 开发环境和 Dreamweaver CS5，描述使用 PHP+MySQL 开发简单动态网页的关键步骤（见图 1-5）。

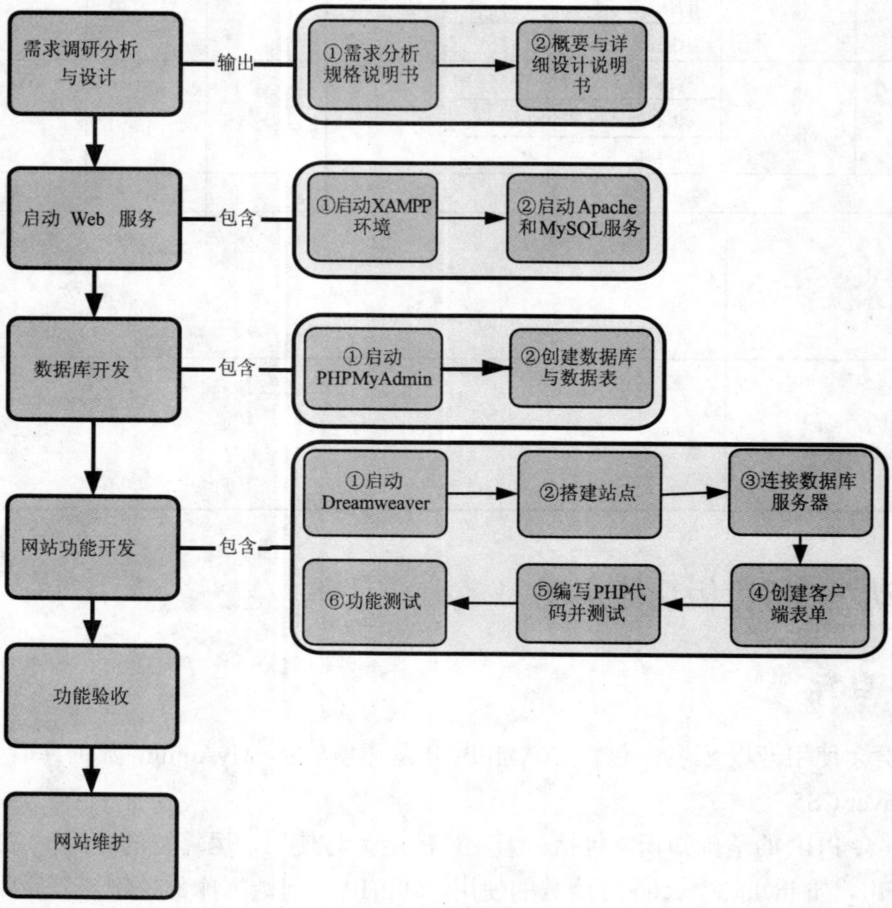

图1-5　PHP+MySQL动态网页开发流程

XAMPP 开发环境

XAMPP（Apache + MySQL + PHP + Perl）是一款免费的包含 MySQL、PHP 和 Perl 的 Apache 发行版，其功能强大且易于安装和使用，只需下载、解压缩、启动服务即可。XAMPP 可以在 Windows、Linux、Mac OS X、Solaris 等操作系统中运行，其中文官方网站为 http://www.apachefriends.org/zh_cn/xampp.html，开发环境安装过程也很简单（见图 1-6～图 1-9）。

图1-6　XAMPP官方网站

图1-7　基于Windows的XAMPP集成开发环境信息

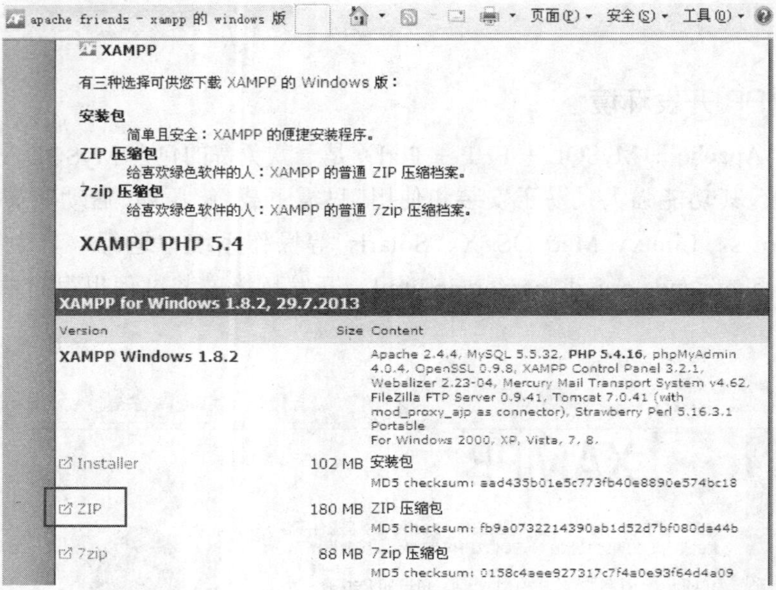

图1-8　XAMPP集成开发环境选择

图1-9　XAMPP集成开发环境安装信息

phpMyAdmin 数据库管理工具

phpMyAdmin 是一款使用 PHP 编写的可以通过 B/S 方式操纵 MySQL 数据库的管理工具。通过操作 phpMyAdmin 数据库管理工具，可以实现数据库及数据表的创建、维护、备份及恢复等。phpMyAdmin 基于 PHP 开发，因此，必须安装 Web 服务器并启动 Web 服务方可正常运行。

由于 XAMPP 开发环境已经将 PHPMyAdmin 数据库管理工具集成，因此，无需额外安装 Web 服务器。在启动 XAMPP 的 Apache 服务后，打开 IE 浏览器，在地址栏中输入 http://localhost/phpmyadmin 即可运行 phpMyAdmin（见图 1-10）。

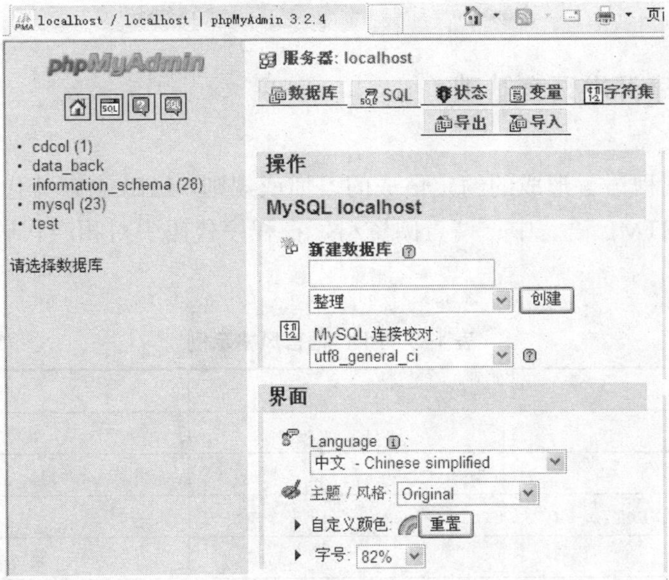

图1-10 phpMyAdmin数据库管理工具操作界面

Dreamweaver CS5

Adobe Dreamweaver CS5 是一款集网页制作和管理网站于一身的、所见即所得的网页编辑器（见图 1-11）。通过 Dreamweaver 可以轻松、快捷地制作出跨越平台限制和浏览器限制的、功能多样、界面丰富的静动态网页。用 Dreamweaver CS5 编写基于 PHP 的动态网页，可以充分利用其代码调试及智能语法提示功能，从而快速、准确地编写代码。

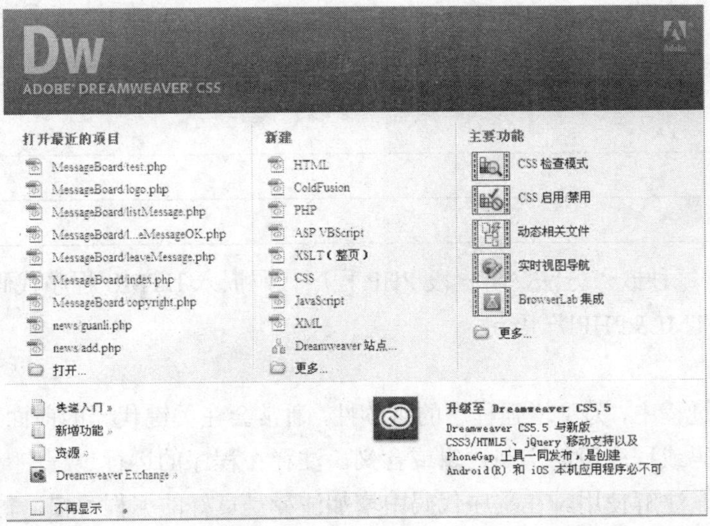

图1-11 Dreamweaver软件界面

PHP 程序开发语言基础

1. 语言风格

语言风格是编程语言形成的约定俗成的习惯或规则，PHP 也有其代码书写习惯，在使用时一般嵌套在 HTML 语言中。请查阅资料，在程序代码中对相应代码的功能进行注释，见表 1-5。

表 1-5　PHP 语言风格示例

行号	代　码	功能注释
	<html>	
	<head>	
	<title>Hello PHP!</title>	
	</head>	
	<body>	
	<?php	
	echo "Hello PHP,Welcome to PHP World!";	
	?>	
	</body>	
	</html>	

2. PHP 在 HTML 中的嵌入方法

1）PHP 在 HTML 文件中的嵌入方法有多种，请在此写出每种嵌入方法，并通过对比找出推荐使用的嵌入方法。

2）使用上述每种嵌入方法，将一段 PHP 程序代码嵌入 HTML 程序代码中，并在前端页面输出“Hello HTML&PHP!”语句。

3. 程序注释

在程序开发过程中，为了增强程序的可读性，通常会在关键代码的前面或行尾增加注释，即解释该程序代码或程序段的实现逻辑或含义。注释在程序的运行过程中是不会被执行的，仅供源代码标志、注解使用。在程序代码中增加注释是良好的编程习惯。每种程序开发语言均有其特定的语句注释方法，请查阅资料完成以下任务。

1）写出 PHP 语言的注释方法。

2）写出 HTML 语言的注释方法。

3）使用 PHP 及 HTML 语言的注释方法，在以下样例程序代码的前面添加注释，以增强代码的可读性，并掌握各种注释方法的语法格式。

```
<html>
<head>
<title>程序注释</title>
</head>
<body>
<?php
________________________________________
echo "请用单行注释的方法，为此行代码添加注释！";
________________________________________
________________________________________
________________________________________
echo "请用多行注释的方法，为此行代码添加注释！";
?>
</body>
</html>
```

4. 数据类型

程序是用来处理数据的，而数据所占据内存的大小取决于其所属的数据类型。通过指定数据类型，可以确定什么样的数据能够在程序中进行存储和操作。可以把数据类型理解为一个容器，超出容器容积或者容器用途范围的数据均不符合要求，不能被正确存放。PHP 包含多种数据类型，包括布尔型、整型、字符串、浮点型等。请查阅资料，将数据与匹配的数据类型进行连线，见表 1-6。

表 1-6 数据类型示例

数　据	数据类型
True	整型
“php”	
123	字符串
“123”	
“12php”	布尔型
12.34	
False	浮点型

5. 变量

变量在程序中经常使用，它是一个加上标签的容器。通过赋值运算符（即“＝”）为变量赋值后就可以将该变量作为一个封装好的整体随意使用。在 PHP 中，为变量添加标签即为变量命名时需要遵循一定的规则，变量名必须以$符号开始并由字母、数字或下画线组成，此外$符号后紧随的第一个字符必须是字母或下画线。请根据变量名的命名规则，找出下列命名合法的变量名。

①php。

②$php。

③$1php。

④$php1。

⑤$_php。

⑥$ php。

⑦$php*。

6. 使用 echo 输出命令

PHP 虽然是一门可嵌入在 HTML 中运行的语言，但同时也是一门独立的语言，即在 PHP 页面中可以不加任何 HTML 语言。PHP 并不是浏览器可以直接执行的语言，浏览器无法解释 PHP 的内容。要使浏览器展示 PHP 所要表达的内容，必须通过 PHP 提供的几个输出命令将信息输出到显示终端。PHP 提供了 echo()内置函数实现内容输出功能，输出的内容可以是字符串、变量、PHP 程序代码的执行结果或者 HTML 的执行结果等，见表 1-7。

表 1-7 变量定义、使用及输出效果

<table>
<tr><th>代　码</th><th>http://localhost/Message Board/test.php</th></tr>
<tr><td>

```
<?php
    $php = "Hello PHP"; //定义变量$php，并赋值
    echo $php;          //输出变量$php
?>
```

</td><td>Hello PHP</td></tr>
</table>

学习过程

启动 Web 服务

通过使用 XAMPP 开发环境，启动 Apache 和 MySQL 服务。其操作步骤如下。

1）打开 XAMPP 开发环境的根目录（见图 1-12）。

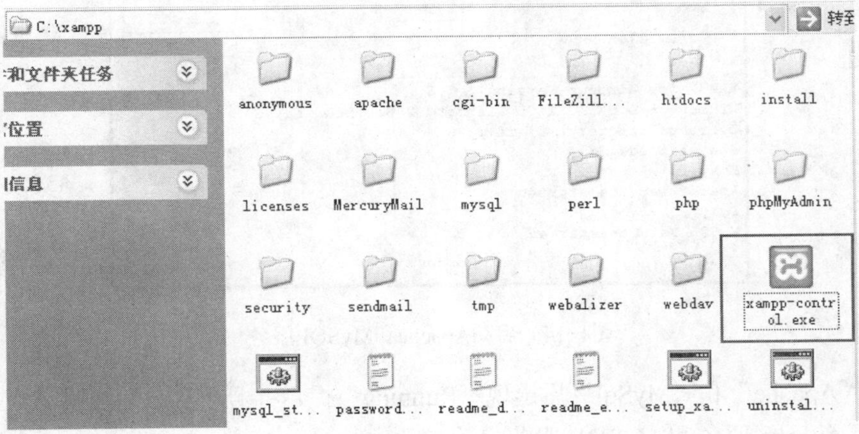

图1-12 XAMPP开发环境的根目录

2）双击“xampp-control.exe”，打开“XAMPP Control Panel Application”对话框。

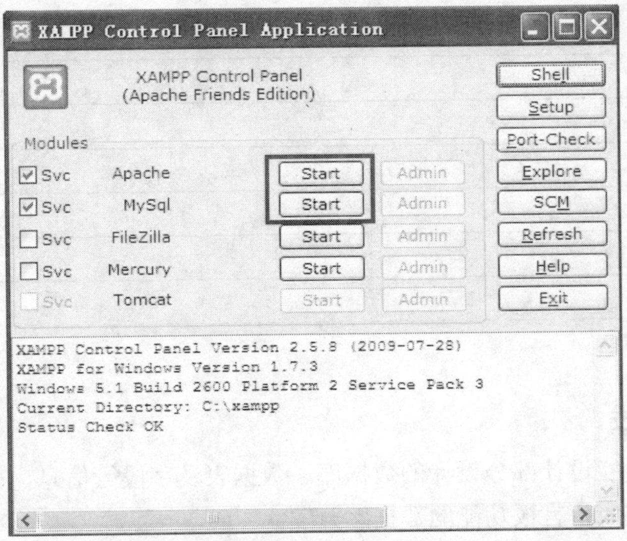

图1-13 “XAMPP Control Panel Application”对话框

3）单击“Apache”和“MySql”后的“Start“按钮，启动 Apache 和 MySQL 服务（见图 1-14）。

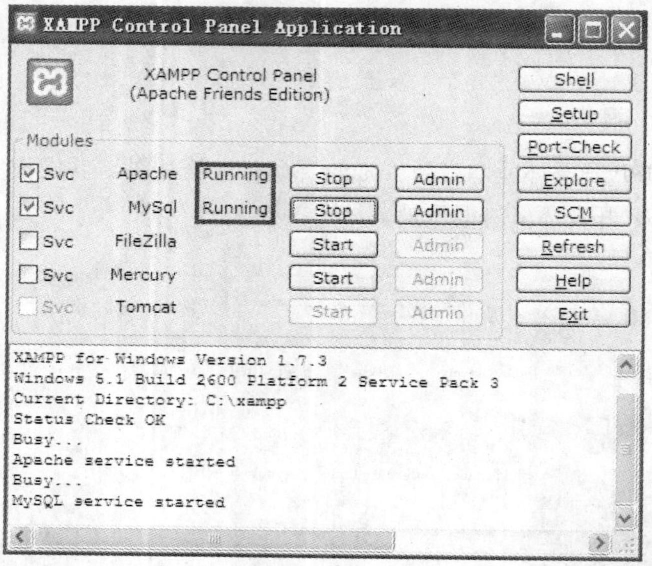

图1-14　启动Apache和MySQL服务

4）当“Apache”和“MySql”后出现“Running”提示并且“Start”按钮变为“Stop”按钮时，说明 Apache 服务和 MySQL 服务启动成功。

5）观察本机的 Web 服务启动情况，是否启动成功？如果没有启动成功，则详细记录出错现象，并查找解决办法。

数据库开发

参考在留言板功能设计部分设计的数据库、数据表及字段等信息，根据以下操作步骤，在教师的指导下，完成留言板功能的数据库开发。

1）打开 IE 浏览器，在地址栏中输入 http://localhost/phpMyAdmin，打开 phpMyAdmin 数据库管理工具（见图 1-15）。

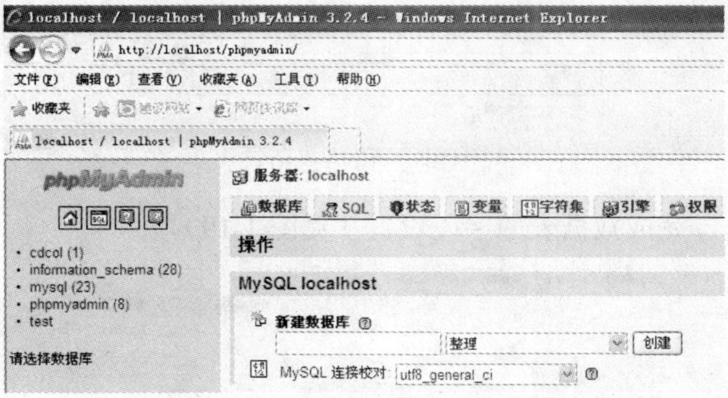

图1-15　phpMyAdmin数据库管理工具

2）创建数据库。在“新建数据库”对应的文本框中输入数据库名，如 message_board。在“整理”下拉列表中选择“utf8_general_ci”作为数据库的编码格式。单击“创建”按钮，完成数据库的创建（见图 1-16）。

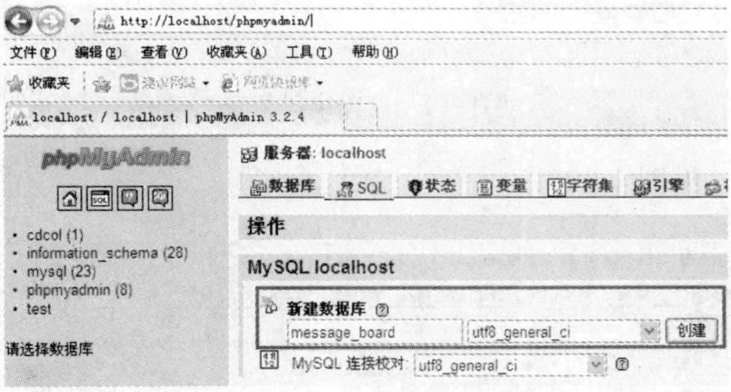

图1-16　创建数据库

数据库创建成功（见图 1-17）。

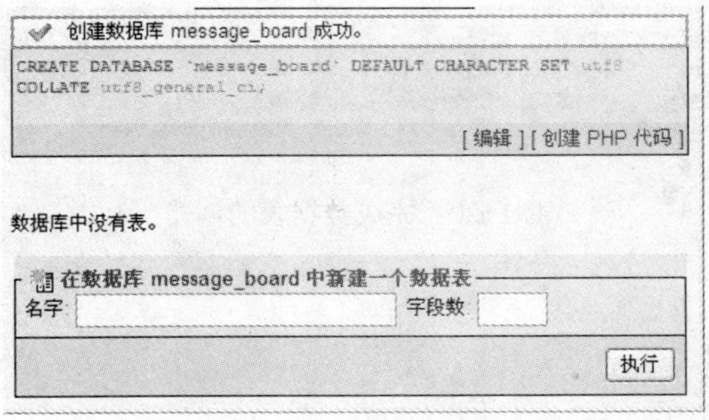

图1-17　数据库创建成功界面

3）创建数据表。输入数据表的名字和字段数后，单击“执行”按钮，开始创建数据表（见图 1-18）。

图1-18　创建数据表

输入相应的信息，完成数据表的字段设置（见图 1-19）。

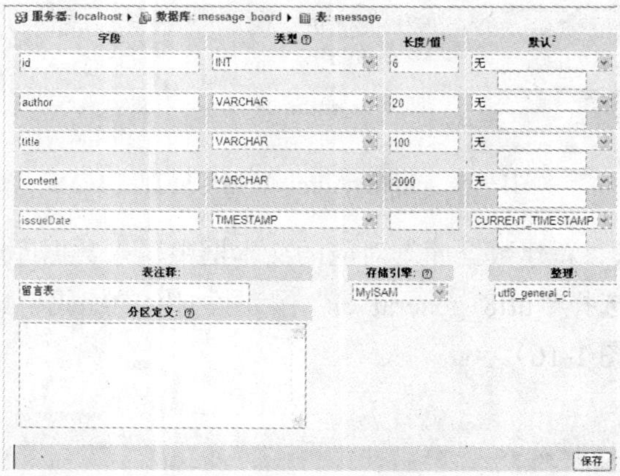

图1-19　设置字段信息

数据表创建成功（见图 1-20）。

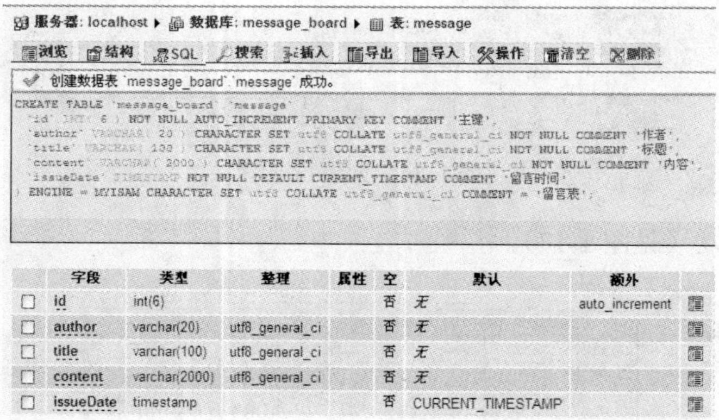

图1-20　完成数据表的创建

搭建网站站点

搭建网站站点包括建立网站根目录、启动 Dreamweaver CS5 软件、创建并管理网站站点以及搭建网站公共文件目录 4 个步骤。

1. 建立网站根目录

打开 XAMPP 开发环境所在目录，找到 htdocs 文件夹，创建用于存放留言板功能的文件夹目录（见图 1-21）。

图1-21　建立网站根目录

2. 启动 Dreamweaver CS5 软件

通过“开始”菜单启动 Dreamweaver CS5 软件（见图 1-22）。

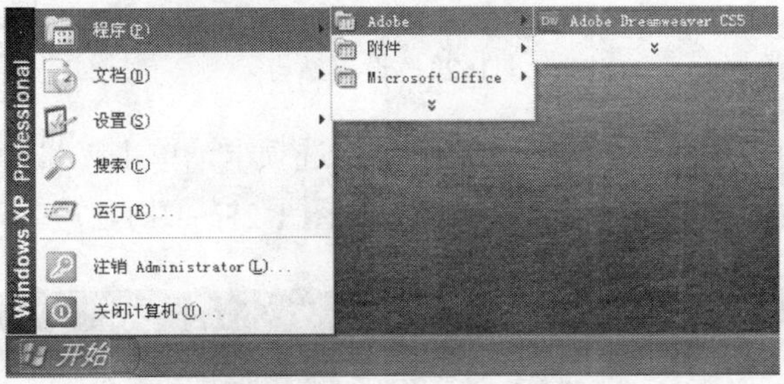

图1-22　启动Dreamweaver CS5软件

3. 创建并管理网站站点

1）在 Dreamweaver 操作界面下，选择“站点”→“新建站点”命令，设置网站的站点（见图 1-23）。

图1-23　新建站点

2）在“站点设置对象”对话框选择“站点”选项卡，输入站点名称，并使用网站根目录作为本地站点文件夹（见图 1-24）。

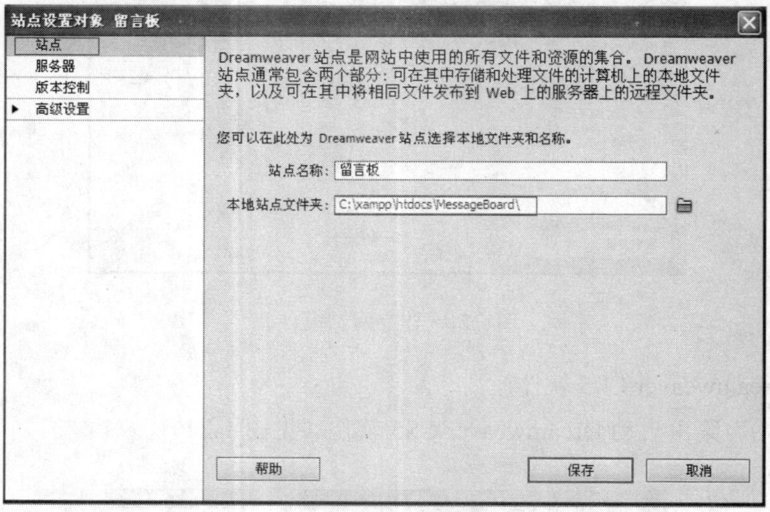

图1-24　设置站点

3）在“站点设置对象”对话框选择“服务器”选项卡，单击“+”按钮设置“服务器名称”“连接方法”“服务器文件夹”和“Web URL”（见图 1-25～图 1-27）。

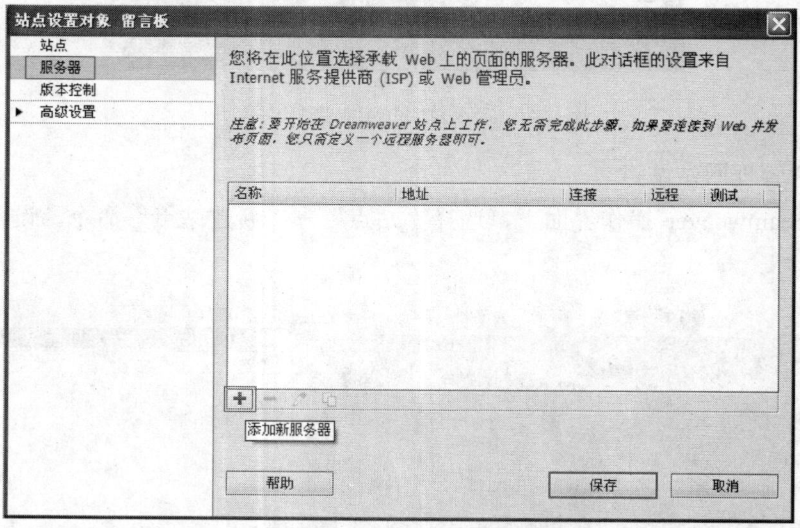

图1-25　添加服务器

4. 搭建网站公共文件目录

在创建完成网站站点后，需要根据实际需要选择搭建网站的公共文件目录，即对网站目录根据不同的功能进行分类，如素材文件夹、公共文件等（见图 1-28 和图 1-29）。

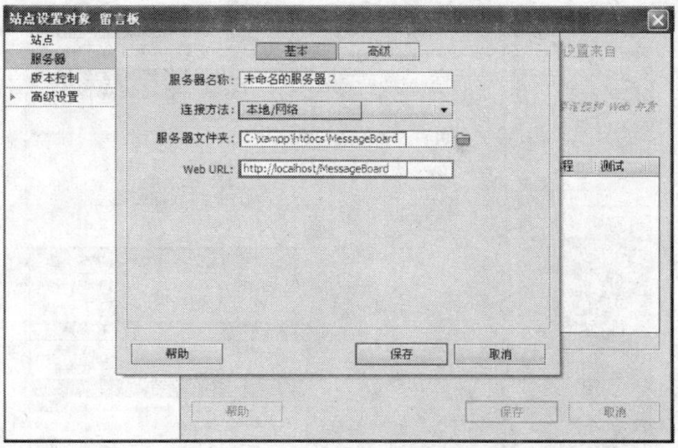

图1-26 设置服务器信息

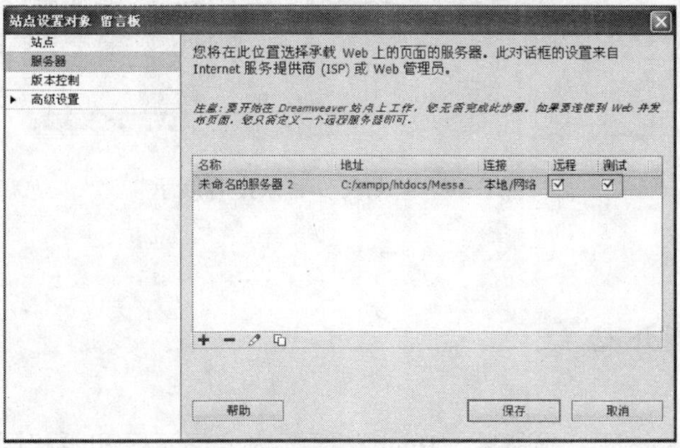

图1-27 设置远程服务器和测试服务器

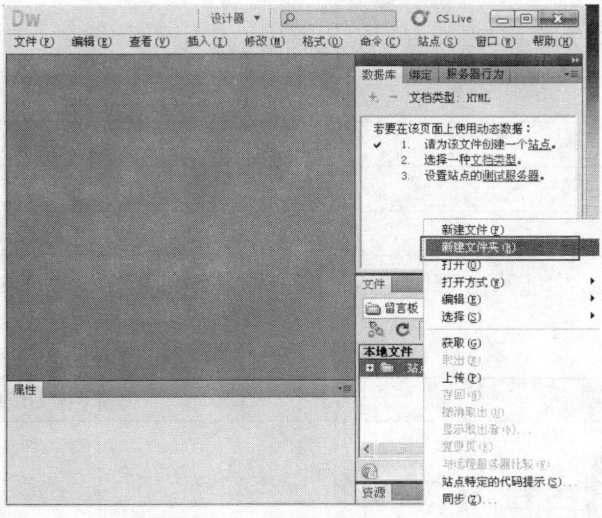

图1-28 创建公共文件目录

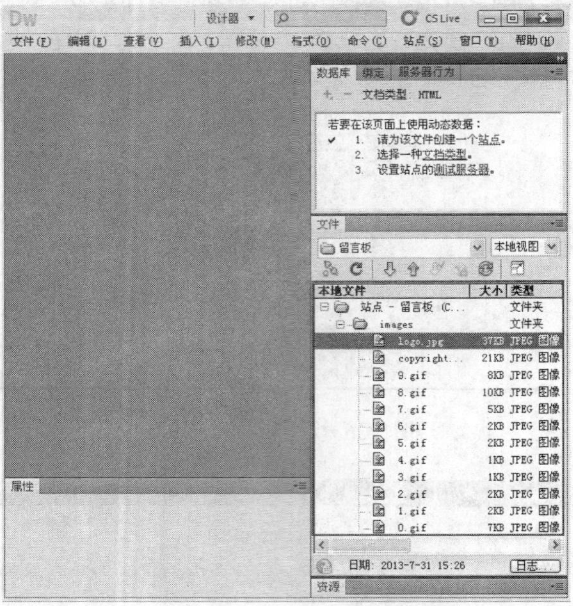

图1-29　公共文件目录内容展示

留言板功能开发

1. 收集素材

一般的网页由 Logo 区、导航区、Banner 区、内容展示区和版权区等元素组成。请查询相关资料或者在互联网上搜索，记录并填写以下知识。

1）什么是网站 Logo?

____

____

____

____

____

2）根据网站 Logo 你能写出它们对应的官方网站地址吗？见表 1-8。

表 1-8　常见网站 Logo 及官方网站地址

Logo	官方网站地址
Baidu百度	

（续）

Logo	官方网站地址
sina新浪网 sina.com.cn	
搜狐 SOHU.com	
网易 NETEASE www·163·com	
CSDN 全球最大中文IT社区	
PHPChina.com	
51CTO.com 技术成就梦想	
腾讯网 QQ.com	

3）什么是网站导航？

4）什么是网站 Banner？

5）什么是网页版权？

____

____

____

____

____

____

6）填写“广州市工贸技师学院”校园网站的关键区域名称（见图 1-30）。

图1-30　校园网站

7）将搜集与制作的留言板素材图片存储在本地站点文件夹“images”文件夹中。

2．创建公共文件

对于一些使用频繁的文件或页面内容，通常使用公共文件的形式独立存放，以保持内容的封装性、易维护性，如包含 Logo 的页头文件、包含版权信息的页脚文件、样式表文件以及访问数据库的配置文件等。下面就来完成建立留言板的 Logo 页头文件和 Copyright 页脚文件。

1）建立 Logo 页头文件。在 Dreamweaver CS5 的本地视图下，选择“留言板”站点，单击鼠标右键，在弹出的快捷菜单中选择“新建文件”命令，创建名为 logo.php 的页头文件（见图 1-31 和图 1-32）。

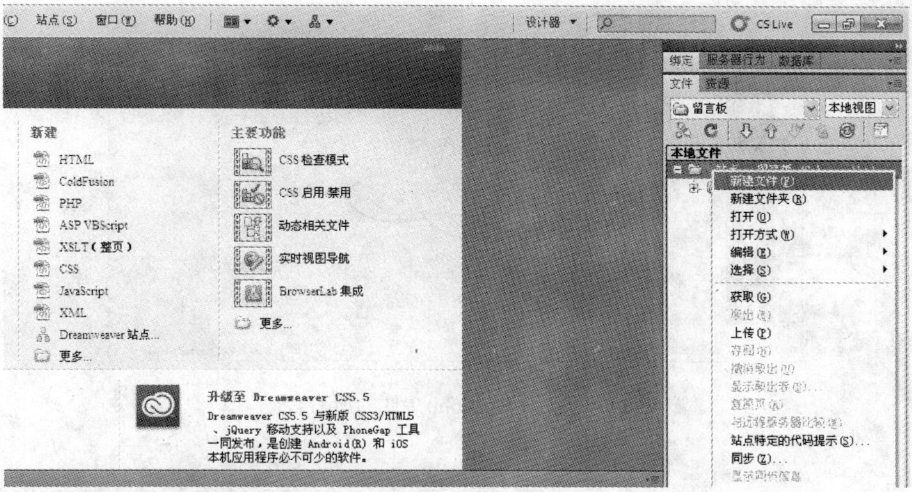

图1-31　新建文件

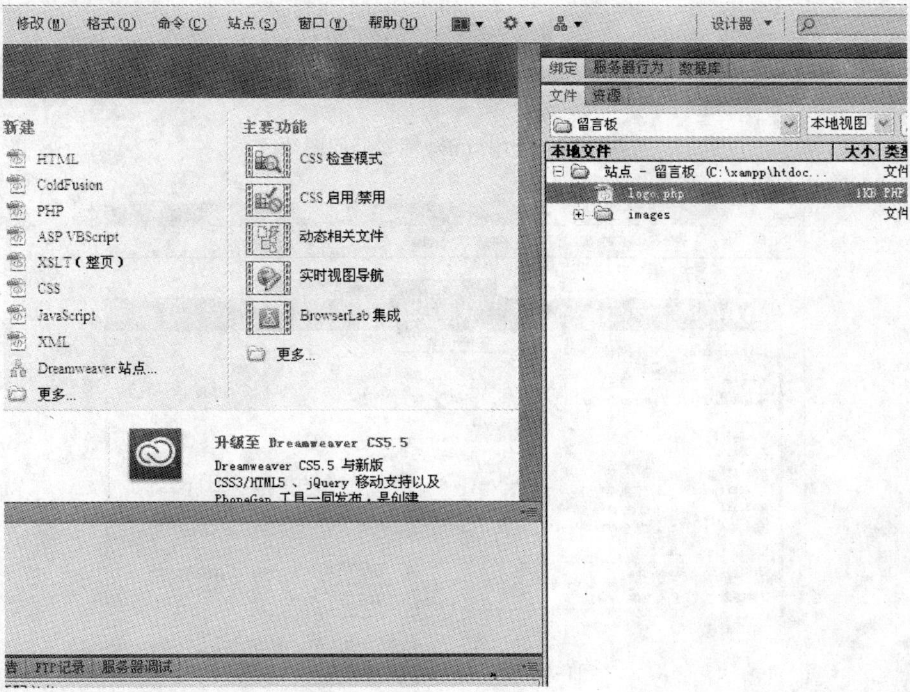

图1-32　创建logo.php文件

双击 logo.php 文件，打开代码视图，删除 logo.php 文件的所有代码（见图 1-33）。

在 logo.php 页面使用<img>标签，插入 Logo 图片（见图 1-34）。

单击“浏览”，打开“选择文件”对话框，选择 Logo 图片，完成创建 logo.php 文件（见图 1-35 和图 1-36）。

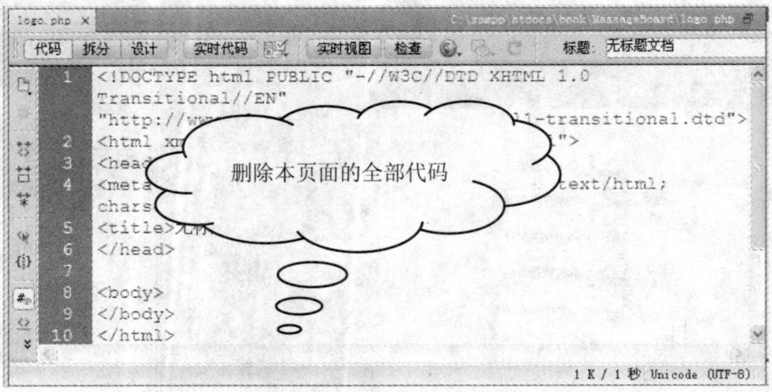

图1-33　删除logo.php文件的所有代码

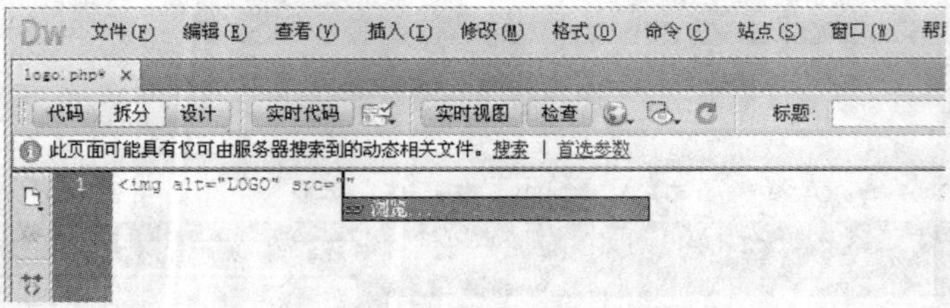

图1-34　使用<img>标签插入图片

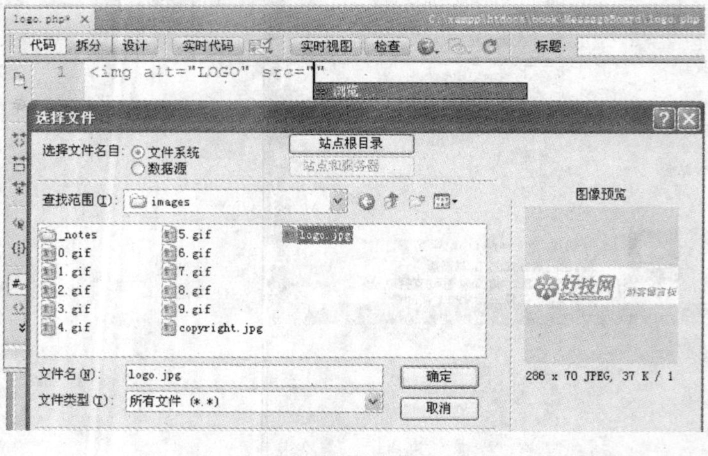

图1-35　完成图片属性设置

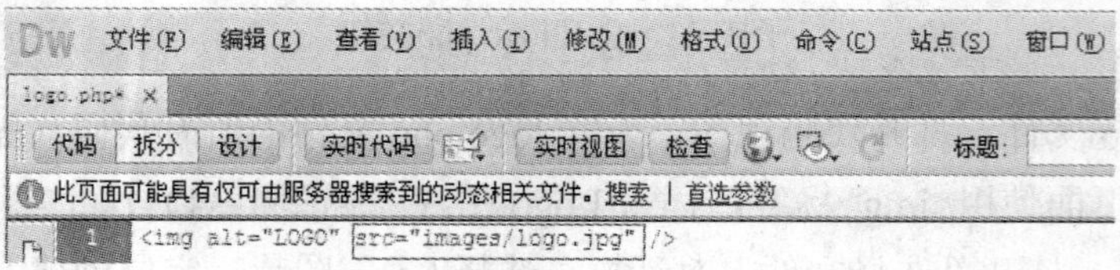

图1-36　完成创建logo.php文件

2）建立 Copyright 版权文件。在“文件”选项卡中的“本地文件”下新建 copyright.php 文件，并删除该页面的全部代码（见图 1-37）。

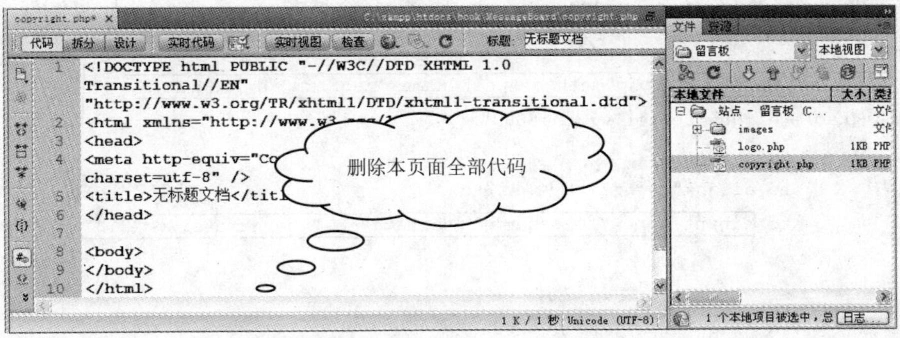

图1-37　创建copyright.php文件

根据界面原型设计，留言板功能的版权部分需要分成两部分显示，第一行显示中文版权信息“广州市工贸技师学院 版权所有”，第二行显示英文版权信息“Copyright © 2011 Guangzhou Industry & Trade Technician College. All rights reserved.”。此需求在处理过程中可以通过表格的方式进行简单布局，如在 copyright.php 页面中插入一个 2 行 1 列的表格，两行的单元格分别显示中、英文的版权信息，居中对齐（见图 1-38）。

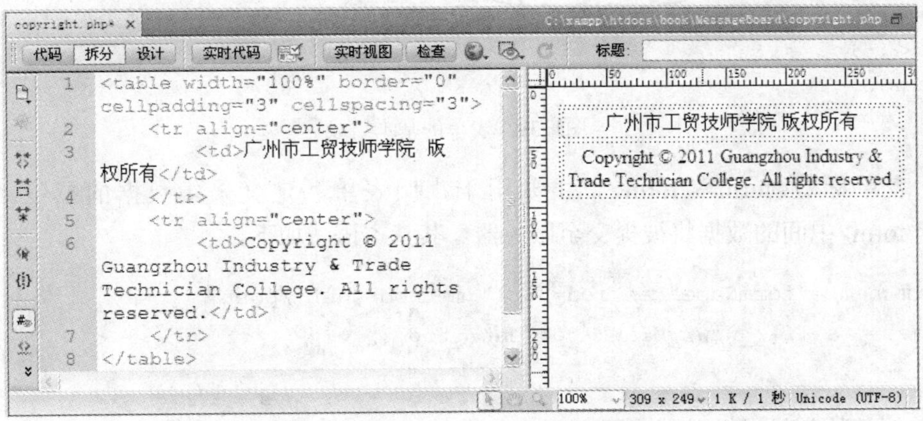

图1-38　编辑copyright.php页面内容

3. 实现添加留言功能

（1）创建表单

表单在网页中主要负责数据采集的功能，由表单标签、表单域（表单元素）及表单按钮 3 个基本部分组成。在完成用户注册、添加留言等功能时，需要将用户输入的数据存放在表单中，从而完成与数据库服务器的数据交互。

1）表单的基本组成（见图 1-39）。

```
<html>
<head>
<title>用户注册</title>
</head>
Body
  <form action="regOK.php"method="post"name="reqForm"id="reqForm">
    <table align="center"width="600">
      <tr>
        <td align="right">用户名：</td>
        <td><input type="text"name="username"id="username"size="20"7></td>
      </tr>
      <tr>
        <td aliqn"right">密码：</td>
        <td><input type="passvord"name="passvord"id="passvord"sizo="20"/><td>
      </tr>
      <tr>
        <td colspan="2"aliqn="center">
        <td><input type="submit"name="submit"value="注册"/>    nbsp;cnbsp;
        <input type="reset"name="reset"value="重量"/>
         <td>
      </tr>
    </table>
   </form>
  </body>
</html>
```

表单标签：定义采集数据的范围

表单域：用于采集数据

表单按钮：用于与服务器进行交互

图1-39　表单的基本组成

2）表单标签<form></form>，主要用于声明表单、定义采集数据的范围。包含在<form></form>中间的数据将被提交至服务器。其基本语法如下。

```
<form name="formName" action="url" method="get[/post] "
target="_self[/_new/_blank/_parent/_top] " >
</form>
```

表单标签的常见属性及其功能，见表 1-9。

表 1-9　表单标签的常见属性及其功能

表单标签属性	功能说明
name	表单名称，在一个 Web 页面中允许有多个表单。在编写代码时，由表单的 name 和 id 属性值对各个表单进行区分
action	设置表单数据提交的 URL
method	表单数据的提交方式，即指定 PHP 与 Web 页面的交互方式，包括 get 和 post 两种方式

（续）

表单标签属性	功能说明
target	打开 action 属性所对应 url 地址的打开方式 _self：将链接的 URL 页面显示在当前浏览器窗口 _blank/_new：将链接的 URL 页面显示在新的浏览器窗口 _parent：将链接的 URL 页面显示在父级浏览器窗口 _top：将返回信息显示在顶级窗口中

3）表单域（表单元素），用于采集用户的输入或选择的数据，包括文本框、文本域、密码框、隐藏域、单选按钮、复选框、下拉菜单等。请通过识别表单域显示视图填写对应表单域的名称、代码格式以及关键属性说明，见表 1-10。

表 1-10　表单域（表单元素）使用说明

显示视图	表单域名称	代码格式	关键属性说明
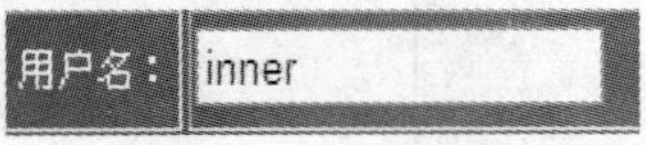			

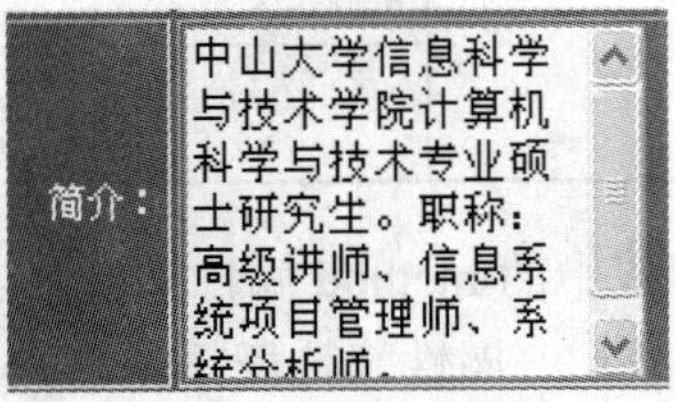			

（续）

显示视图	表单域名称	代码格式	关键属性说明

4）表单按钮，用于控制表单数据的交互，控制表单的运作。表单按钮包括提交按钮、复位按钮和一般按钮 3 类。请通过识别表单按钮的代码样例，填写表单按钮对应的名称、功能说明以及关键属性说明，见表 1-11。

表 1-11　表单按钮的使用说明

代码样例	表单按钮名称	功能说明	关键属性说明
<input type="submit" name="submit"value="注册"/>			
<input type="reset" name="reset"value="重置"/>			
<input type="button" name="login"value="注册"/>			

5）post 和 get 表单数据的提交方式。通过<form></form>标签中的 method 属性来设置表单数据的提交方式，即 PHP 与 Web 页面的交互方式，通过对比代码、属性等特征，总结 post 与 get 方式的差异见表 1-12。

表 1-12 post 和 get 表单数据的提交方式

项目	get	post
表单定义	<form action="regOK.php" method="get" <table width="600" align="center"> <tr> <td> 用户名：<input name="username"type="text"/> </td> </tr> <tr> <td> 密码：<input name="password" type="password"/> <td> </tr> <td> <input type="submit" value="注册"/> <td> </tr> </table> </form>	<form action="regOK.php" method="post"> <table width="600" align=" center"> <tr> <td> 用户名：<input name="username" type="text"/> </td> </tr> <tr> <td> 密码：<input name="password" type=" password"/> </td> </tr> <tr> <td> <input type="submit" value="注册"/> </td> </tr> </table> </form>
获取数据方法	<table width="200" align="center"> <tr> <td>恭喜你，注册成功！</td> </tr> <tr> <td> 你的用户名是：<?php echo $_GET ["username"]; ?> </td> <tr> <tr> <td> 你的密码是：<?php echo> $_GET ["password"]; ?> </td> </tr> </table>	Table width="200" align="center"> <tr> <td>恭喜你，注册成功！</td> </tr> <tr> <td> 你的密码是：<?php echo $_POST ["username"]; ?> </td> </tr> <tr> <td> 你的密码是:<?php echo $_POST ["password"]; ?> </td> </tr> </table>
界面显示效果	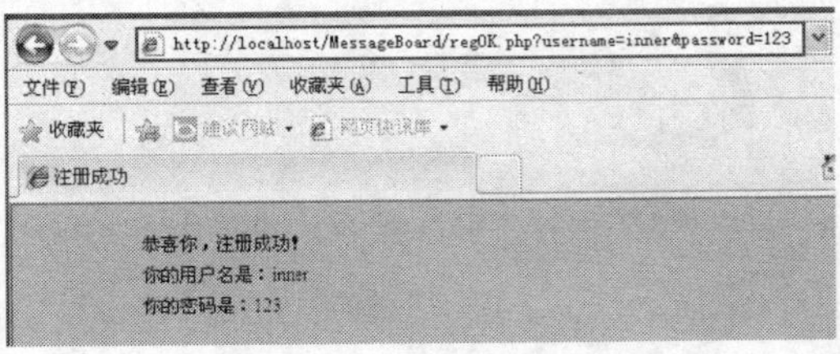	
归纳总结	定义方式：	定义方式：
	获取数据方式：	获取数据方式：
	URL 地址栏显示特点：	URL 地址栏显示特点：
	优点：	优点：
	缺点：	缺点：

6）添加留言功能的表单定义。根据前述基础知识以及添加留言功能的界面设计，完成该功能的表单定义，见表 1-13。

表 1-13　添加留言界面原型及表单定义

<table>
<tr><td>界面原型</td><td>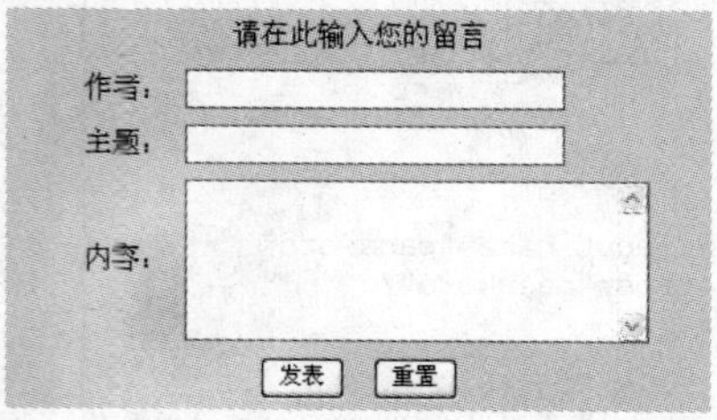
</td></tr>
<tr><td>文件名</td><td>leaveMessage.php</td></tr>
<tr><td>表单代码</td><td><pre>
<form action="leaveMessageOK.php" method="post" />
<table width="600" border="0" bgcolor="#99FFFF" align="center">
<tr>
   <td colspan="2" align="center">请在此输入您的留言</td>
</tr>
<tr>
    <td width="100" align="right">作者：</td>
    <td width="500" align="left">
      <input type="text" name="author" id="author" size="50" />
    </td>
</tr>
<tr>
    <td align="right">主题：</td>
    <td align="left">
      <input type="text" name="title" id="title" size="50" />
    </td>
</tr>
<tr>
    <td align="right">内容：</td>
    <td align="left">
      <textarea name="content" id="content" cols="50" rows="5"></textarea>
    </td>
</tr>
<tr>
    <td colspan="2" align="center">
      <input type="submit" name="submit" value="发表" />
      <input type="reset" name="reset" value="重置" />
    </td>
</tr>
</table>
</form>
</pre></td></tr>
</table>

（2）添加留言功能实现

1）添加留言功能的实现流程（见图 1-40）。

添加留言功能即将留言存入数据库的过程，其数据存入数据库的过程代码放置在<form action="URL"></form>的 URL 页面，如 leaveMessage.php 页面。

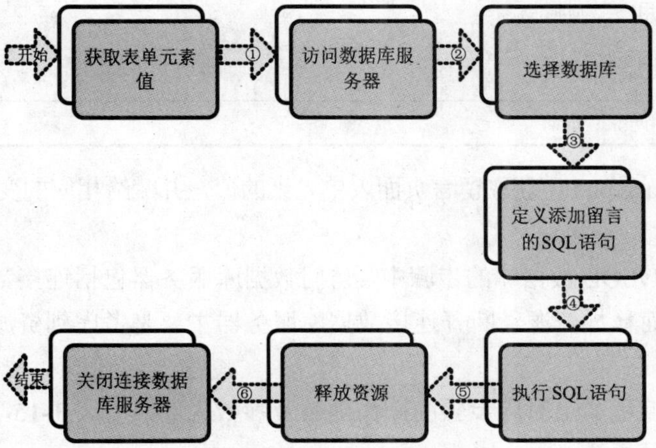

图1-40　添加留言功能的实现流程

2）获取表单元素值。

①获取表单元素值的方法说明。获取表单元素值的方法取决于数据采集表单的数据提交方式，即 method=get/post，对应两种获取数据的方式，即$_GET[]和$_POST[]。基本语法及用法示例说明为$_GET[表单元素名] 或 $_POST[表单元素名]。

其中，“表单元素名”来源于该表单元素在定义时的 name 属性，以$_POST 为例，见表 1-14。

表 1-14　表单定义及获取表单元素值的方法

项　目	说　明

表单定义	`<form action="postOK.php" method="post">`
	`    <p>`
	`        用户名：<input type="text" name="author">`
	`    </p>`
	`    <p>`
	`        <input type="submit" name="submit" value="发表" />`
	`    </p>`
	`</form>`

获取表单元素值	`<?php`
	`    $a = $_POST["author"];`
	`    echo "用户名：" . $a;`
	`?>`

（续）

项　目	说　明
运行界面	用户名: inner 发表
显示结果	用户名：inner

②在 leaveMessage.php 中获取留言页面表单元素的值，并赋给相应的变量。

3）访问数据库服务器。

在 PHP 访问 MySQL 数据库的步骤中，访问数据库服务器包括连接数据库服务器和选择数据库两个操作，而释放资源、断开连接数据库服务器主要是考虑到资源消耗及利用率等因素而附加的操作。

①请根据操作流程写出对应步骤的操作函数及参数说明，见表 1-15。

表 1-15　访问数据库服务器的关键操作步骤

序号	操作步骤	函数	参数说明
1	连接数据库服务器		
2	选择数据库		
3	执行 SQL 操作语句		
4	释放资源		
5	与数据库服务器断开连接		

②根据添加留言功能的实现流程，在 leaveMessageOK.php 页面的相应位置，完成连接数据库服务器、选择数据库的 PHP 代码。

4）定义添加留言的 SQL 语句。

添加留言的最终目的是要将用户输入的留言信息保存到数据库，即插入数据到数据库。

①SQL 插入语句。在数据库中，向数据表中插入新的数据时可以使用 INSERT INTO 语句，其语法格式为：

INSERT INTO 表名(字段 1,字段 2…) VALUES(值 1,值 2,…)

其中，字段与值是一一对应的关系，即执行语句后将在对应的数据表中插入一条新的数据，“字段 1”的数据值对应“值 1”，“字段 2”的数据值对应“值 2”，依次类推。

②根据 SQL 插入语句的语法格式，向留言表中插入一条数据，各字段值自行确定。

____

③ 结合在 leaveMessageOK.php 页面获取的留言表单数据的值，编制插入留言的动态 SQL 语句，并将内容赋给变量$sql。

____

5）执行 SQL 语句，实现添加留言功能。

定义$sql 变量后，并未将数据真正插入到数据表中。如果要实现将数据插入到数据表，则需要调用执行 SQL 语句的函数。可以通过执行 mysql_query($sql)语句来完成插入操作。

6）添加留言功能的代码整合。

整理各步骤的关键代码，完成添加留言功能，见表 1-16。

表 1-16 添加留言功能代码

文件名	leaveMessageOK.php

实现代码	`<?php`
	`//获取表单元素值`
	`$author = $_POST["author"];`
	`$title = $_POST["title"];`
	`$content = $_POST["content"];`
	`//访问数据库服务器`
	`mysql_connect("localhost:3306","root","");`
	`mysql_select_db("message_board");`
	`//定义 SQL 语句`
	`$sql = "insert into message(author,title,content)";`
	`$sql = $sql . "values('$author','$title','$content')";`
	`//执行 SQL 语句`
	`mysql_query($sql);`
	`//释放资源，断开与数据库服务器的连接`
	`mysql_close();`
	`?>`

4. 实现显示留言功能

（1）显示留言功能的实现流程（见图 1- 41）

显示留言功能，即将保存在数据库中的留言信息使用 SQL 语句查询出来，并将查询结果记录集显示在前端页面。

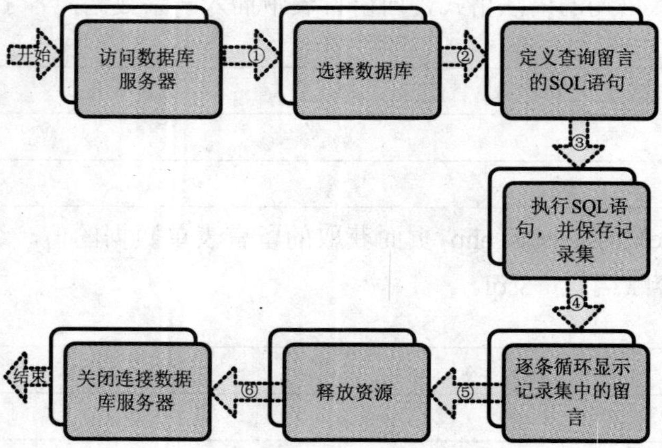

图1-41　显示留言功能的实现流程

（2）定义 SQL 查询语句

显示留言功能时，需要先从数据表中将已有的留言信息读取出来。此时，需要使用数据的查询操作。

1）SQL 简单查询语句。

在数据库中，从数据表查询语句时，可以使用 SELECT 语句，其语法格式为：

SELECT * FROM 表名　　　　　　　　　//第一种

或者

SELECT 字段 1,字段 2, …FROM 表名　　　　//第二种

其中，第一种语法是将表中数据的全部字段值都查出，第二种语法是将表中数据的“字段 1”“字段 2”等列举的字段列表值查出。

2）根据 SQL 查询语句语法格式，查询留言表中的作者、主题字段信息。

____

____

3）创建显示留言功能的页面 listMessage.php，在该页面编制查询留言的动态 SQL 语句，并将内容赋给变量$sql。

____

____

（3）执行查询语句，保存查询结果至记录集变量$result

定义$sql 变量后并未真正从数据库中读取数据至记录集，如果要实现将数据读取至记录集变量中，则需要调用执行 SQL 语句的函数。可以通过执行$result = mysql_query($sql)语句来完成数据查询与保存结果至变量的操作。

（4）根据查询结果循环显示结果至页面

通过上述操作，已经将结果集存放在$result 变量中。如果要将留言逐条显示在前端页面，则需要逐条到结果集$result 变量中读取并显示（见图 1-42）。

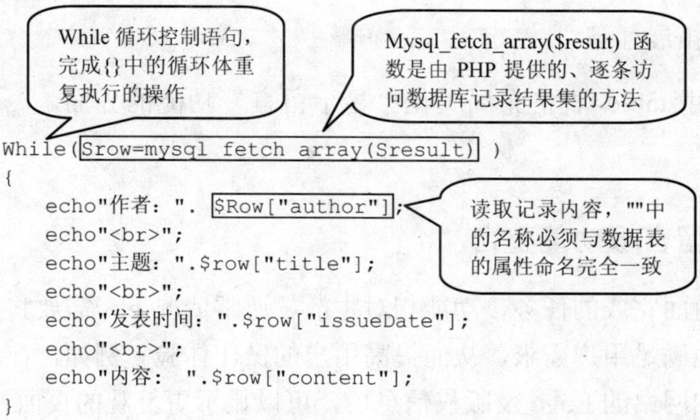

图1-42　显示留言功能的代码分析

小贴士

除了 PHP 可以在 HTML 中随意嵌入，HTML 代码也可以随意嵌入在 PHP 代码中，如上述循环体中的 echo"
"；即是在 PHP 代码中输出 HTML 的换行功能。除此之外，PHP 中也可以嵌入<table>表格等一系列的 HTML 代码。

（5）“显示留言”功能的代码整合

整理各步骤的关键代码，完成“显示留言”功能见表 1-17。

表 1-17　显示留言功能代码

<table>
<tr><th>文件名</th><th>listMessage.php</th></tr>
<tr><td>实现代码</td><td><pre>
<?php
  //访问数据库服务器
  mysql_connect("localhost:3306","root","");
  mysql_select_db("message_board");
  mysql_query("set names utf8");
  //定义查询 SQL 语句
  $sql = "select * from message";
  //执行 SQL 语句，并保存结果
  $result = mysql_query($sql);
  while($row = mysql_fetch_array($result))
  {
   echo "作者:" . $row["author"];
   echo "<br />";
   echo "主题:" . $row["title"];
   echo "<br />";
   echo "发表时间:" . $row["issueDate"];
   echo "<br />";
   echo "内容:" . $row["content"];
   echo "<br />";
  }
  //释放资源，断开与数据库服务器的连接
  mysql_free_result($result);
  mysql_close();
?>
</pre></td></tr>
</table>

（6）拓展任务

请使用<table>表格布局美化“显示留言”功能的界面。

留言板功能整合

对于前面完成的任务，功能相对零散。通常情况下，需要将该类功能重新进行整合，才可以更好地满足用户需求，从而提高用户的操作体验。例如，在添加留言与显示留言功能模块中，增加网站的 Logo 及版权信息后，可以显示更美观的页面（见图 1-43）。

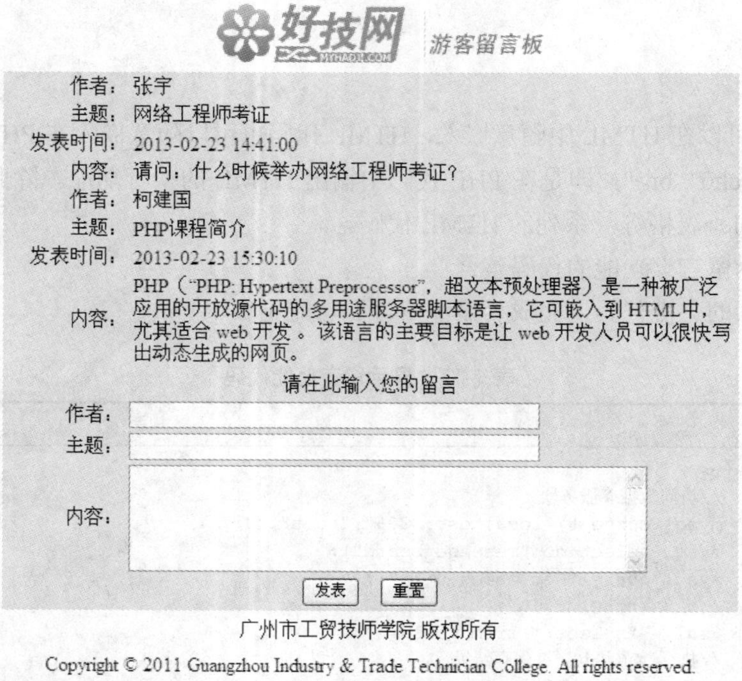

图1-43　留言板功能参考原型

在完成功能整合前，为了让网站功能相对集中，已经将 Logo、显示留言、添加留言、网站版权等功能模块分别在不同的页面中实现。对此，PHP 提供了使用文件包含的方法将不同页面实现功能整合。

1. 文件包含方法

1）编写程序时，经常把一些常用的代码写成简单的文件进行保存，然后在需要的地方调用该文件，如留言板功能的 logo.php 页面和 copyright.php 等。在 PHP 中，主要通过 include、require、include_once、require_once 等几种方法来实现包含外部文件的功能，见表 1-18。

表 1-18　文件包含方法

方法名	使用示例
include()	include("logo.php");
require()	require("logo.php");
include_once()	include_once("logo.php");
require_once()	require_once("logo.php");

2）通过查阅资料，写出 include 与 require 方法在包含文件时的区别。

____

____

____

3）通过查阅资料，分别写出 include 和 require 以及 include_once 和 require_once 的区别。

include、require：____

____

____

include_once、require_once：____________________________________

____

____

2. include 方法使用实例

1）在留言板站点中，创建 b.php 页面，将 Dreamweaver 界面切换到代码视图，并输入内容（见图 1-44）。

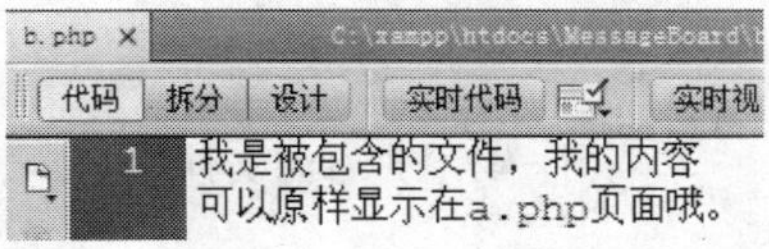

图1-44　b.php页面

2）在留言板站点中，创建 a.php，将 Dreamweaver 界面切换到拆分视图，并输入内容（见图 1-45）。

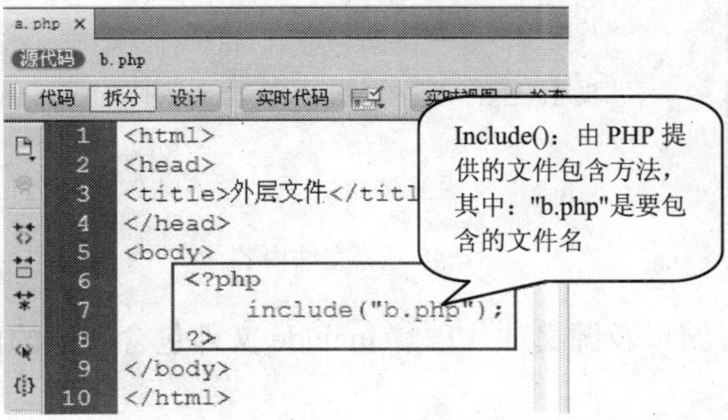

图1-45　a.php页面

3）在浏览器中运行 a.php，观察其运行结果（见图 1-46）。

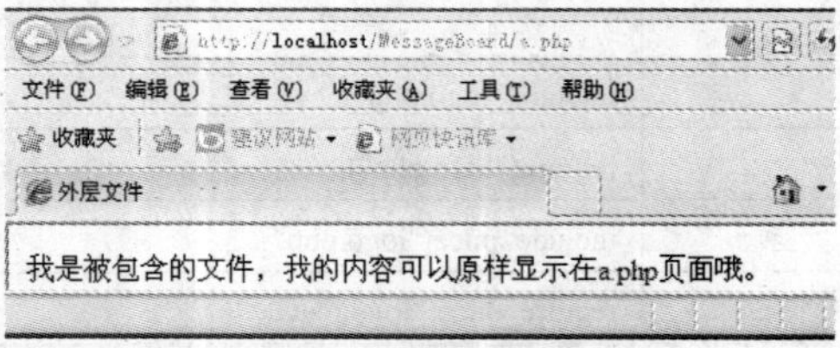

图1-46 a.php运行结果

4）在 a.php 的浏览器运行结果页面，单击鼠标右键，在弹出的快捷菜单中选择“查看源文件”命令，查看并分析其源文件内容（见图 1-47 和图 1-48）。

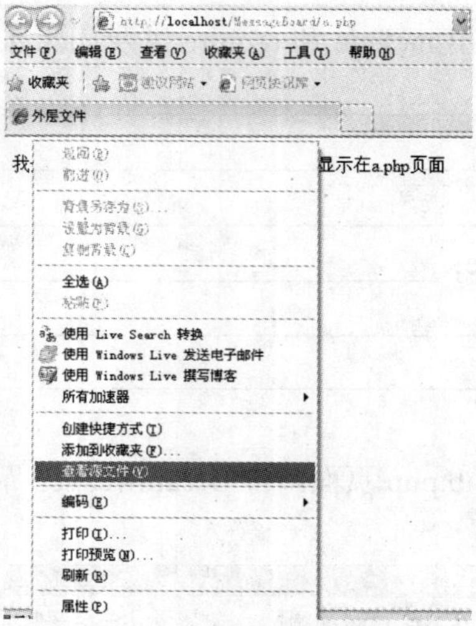

图1-47 查看源文件

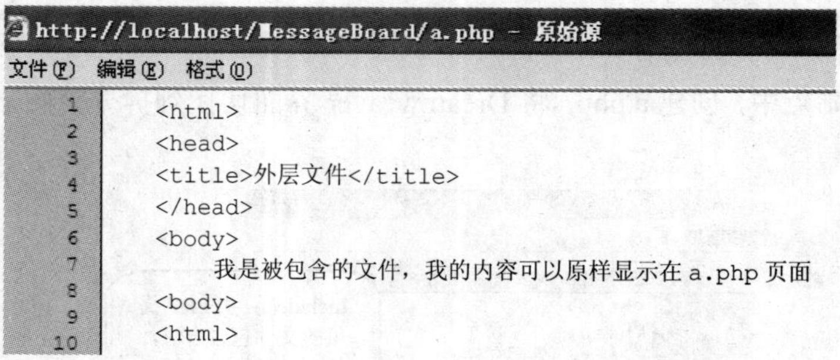

图1-48 源文件内容

5）观察代码的运行结果及源文件，理解 include 文件包含功能的内涵。

3. 进行整合

1）创建 index.php 页面。为满足留言板功能整合的需求，需要通过一个统一的页面呈现给用户并命名为 index.php，用于整合留言板功能（见图 1-49）。

图1-49 创建index.php页面

2）设置页面布局。将 index.php 页面设置成四行一列的表格布局，用于放置 logo.php、listMessage.php、leaveMessage.php、copyright.php 等页面内容。为了方便识别表格各行列的显示内容，需要在指定位置放置占位符（见图 1-50）。

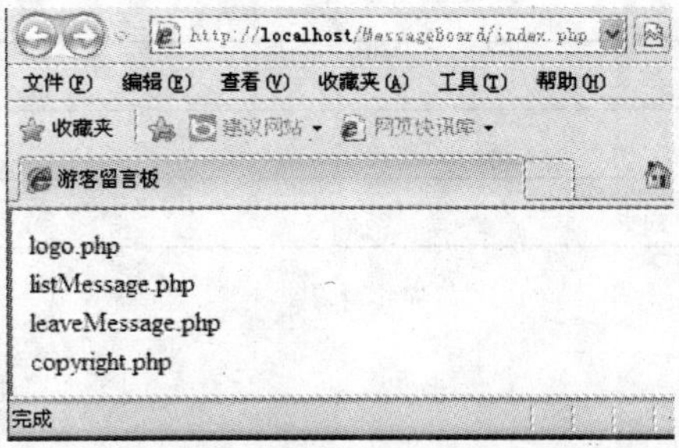

图1-50 index.php页面的初步显示效果

根据实现效果（见图 1-50），利用 HTML 相关知识，完善代码段（见图 1-51）。

```
8   <table>
9       <tr>
10         <td>logo.php</td>
11      </tr>
12         <td>__________</td>
13      </tr>
14      <tr>
15         <td>__________</td>
16      </tr>
17      ____________________
18      ____________________
19      ____________________
20  </table>
21
22
23
```

图1-51 index.php源代码

3）页面整合。在 index.php 页面尝试使用 include 文件包含方法，将 logo.php 文件替换图 1-51 中第 10 行的代码，将 listMessage.php 文件替换图 1-51 中第 13 行的代码，依次类推，初步完成留言板功能的页面整合，并补齐代码段（见图 1-52）。

```
<table>
    <tr>
       <td>  <?php include("logo.php");?>   </td>
    </tr>
    <tr>
       <td>____________________________</td>
    </tr>
    <tr>
       <td>____________________________</td>
    </tr>
    ____________________________________
    ____________________________________
    ____________________________________
</table>
```

图1-52 index.php源代码2

4）功能调试。尝试运行 index.php 页面，调试错误信息，查看并美化显示效果，记录出错信息及解决方法。

____

____

____

____

活动评价

活动 3 考核评价表

评价内容	指标	评价项目	评价方式			综合评价
			自评	组评	师评	
			0.2	0.3	0.5	
专业能力（60 分）	知识技能	实施准备				
		搭建站点				
		数据库开发				
		留言板功能实现				
		留言板功能整合				
社会能力（30 分）	情感态度	出勤、纪律				
		学习态度				
	团队合作	讨论、互动				
		协作精神				
	沟通能力	语言表达				
		沟通领会				

（续）

评价内容	指标	评价项目	评价方式			综合评价
			自评	组评	师评	
			0.2	0.3	0.5	
方法能力（10分）	方法能力	学习能力				
		收集和处理信息的能力				
		创新精神				
合　计						
学生对活动的综合评价						
教师对活动的综合评价						

活动4　留言板功能测试

学习目标

1）能够正确运用软件测试的常用概念。

2）能够完成留言板功能的测试。

3）能够及时记录测试结果，并对出错信息进行调试、修正。

知识准备

任何软件产品在交付使用之前必须经过严格测试，以防止产品运营时由程序中的错误而引发不可预料的严重后果。大量统计资料表明，软件测试的工作量通常占软件开发总工作量的40%以上。测试的目标是为了暴露程序中的错误，而非证明程序的正确性。测试的关键是设计测试用例，其设计方法可分为两类，即白盒测试方法与黑盒测试方法。软件测试的主要步骤包括单元测试、集成测试和确认测试等。

软件测试方法

通过查阅资料，完成下列题目。

1）通过提炼总结，写出你所理解的“白盒测试方法”的含义。

白盒测试方法：________________________________

____

____

____

2）通过提炼总结，写出你所理解的“黑盒测试方法”的含义。

黑盒测试方法：________________________________

____

____

____

软件测试的主要步骤

1）查阅资料，将单元测试等测试策略与其基本概念进行连线（见图 1-53）。

①单元测试

②集成测试

③确认测试

A. 通常使用黑盒测试技术，验证是否正确实施了软件并满足用户的客观需求

B. 通常使用白盒测试技术，对每个独立的功能模块进行测试，以确认该功能模块的正确性

C. 通常使用白盒+黑盒测试相结合的方法，把各个功能模块按照设计要求组装在一起，进行系统化测试

图1-53　软件测试策略及基本概念

2）以留言板功能的测试为例，分别举例说明何时进行了什么样的单元测试、集成测试与确认测试。

单元测试说明：________________________________

____

____

集成测试说明：________________________________

____

____

____

确认测试说明：________________________________

____

____

学习过程

在通常情况下，单元测试是伴随着程序代码编写同步进行的；集成测试是在编码进行到一定程度时的功能整合测试；确认测试是由用户参与的验证性测试。请根据留言板的功能划分，完成单元测试及集成测试，并填写测试结果（见表1-19）。

表1-19　留言板功能测试结果

功能模块	测试结果	存在问题	解决方法
Logo 显示	□完全实现 □基本实现 □未实现		
显示留言	□完全实现 □基本实现 □未实现		
添加留言	□完全实现 □基本实现 □未实现		
版权信息	□完全实现 □基本实现 □未实现		
index.php 页面	□完全实现 □基本实现 □未实现		

活动评价

活动4考核评价表

评价内容	指标	评价项目	评价方式			综合评价
			自评	组评	师评	
			0.2	0.3	0.5	
专业能力 (60分)	知识技能	知识准备				
		单元测试				
		集成测试				
社会能力 (30分)	情感态度	出勤、纪律				
		学习态度				
	团队合作	讨论、互动				
		协作精神				
	沟通能力	语言表达				
		沟通领会				

（续）

评价内容	指标	评价项目	评价方式			综合评价
			自评	组评	师评	
			0.2	0.3	0.5	
方法能力（10分）	方法能力	学习能力				
		收集和处理信息的能力				
		创新精神				
合　计						
学生对活动的综合评价						
教师对活动的综合评价						

活动5　留言板功能验收

学习目标

1）能够正确打包留言板项目。

2）能够编写任务总结。

知识准备

项目验收是在项目的结束过程中依据项目的原始章程和合法变更行为，对项目成果或全部之前的活动过程进行审验和接收的行为。项目验收是核查项目计划范围内各项工作或活动是否已经全部完成、可交付成果是否令人满意，并将核查结果记录在验收文件中的一系列活动。

项目验收的标准一般包括项目合同书、国际惯例、国际标准、行业标准以及国家和企业的相关政策和法规等。项目验收的依据一般包括工作成果和成果说明等。

对于软件项目来说，项目验收一般是在符合项目验收标准下，根据项目实际需要及规模所需提供的软件开发成果以及贯穿开发过程的一系列软件开发文档，如软件需求说明书、数据库设计说明书、概要设计说明书、详细设计说明书、项目开发计划、测试计划和测试分析报告、用户手册、操作手册以及项目开发总结报告等。

学习过程

打包项目

对于已经开发完成的留言板功能，需要进一步整理代码、数据库结构、图片等内容，以备代码移植或发布网站使用。请按照以下思路，正确打包留言板项目。

1. 整理代码

将开发成果通过站点管理进行整理，删除其中的多余页面或内容（见图 1-54）。

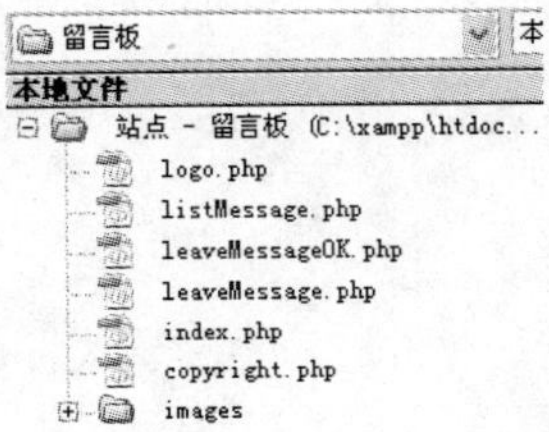

图1-54　代码结构示例

2. 导出数据库结构

在进行项目打包的同时，将该项目对应的数据库结构同步打包（见图 1-55）。步骤如下。

1）在浏览器中输入 http://localhost/phpmyadmin，打开 phpMyAdmin 数据库管理工具。

2）在“导出”选项卡中选择要导出的数据库，如 message_board。

3）选中“另存为文件”复选框，单击“执行”按钮，将生成的文件保存在站点文件夹中，即 C：\xampp\htdocs\Messageboard 中，从而完成数据库的导出。

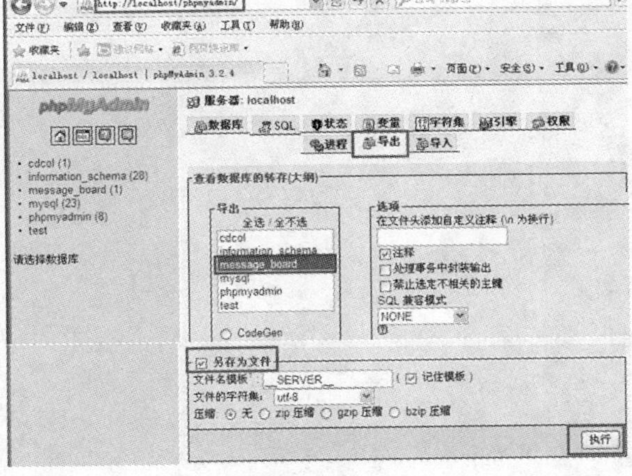

图1-55　导出数据库结构

3. 打包提交

以项目名称+开发团队的名称命名，将留言板功能的全部过程文件及代码压缩，如“留言板功能——精英软件开发工作室.rar”，提交至教师指定的服务器目录。

编制任务总结

每一次总结均是下次成功的基石。可以通过总结，总结经验、吸取教训，从而为未来的工作做好铺垫。填写个人总结，内容包括团队和个人遇到的问题及解决途径、启发等。

活动评价

活动 5 考核评价表

评价内容	指标	评价项目	评价方式			综合评价
			自评	组评	师评	
			0.2	0.3	0.5	
专业能力 (60 分)	知识 技能	整理代码				
		项目打包与提交				
		任务总结				
社会能力 (30 分)	情感 态度	出勤、纪律				
		学习态度				
	团队 合作	讨论、互动				
		协作精神				
	沟通 能力	语言表达				
		沟通领会				
方法能力 (10 分)	方法 能力	学习能力				
		收集和处理信息的能力				
		创新精神				
合　计						
学生对活动的综合评价						
教师对活动的综合评价						

任务2 讨论组设计

学习目标

1）能够使用 Microsoft Office Visio 软件绘制程序流程图。

2）能够独立使用各种帮助手册，解决日常开发过程中遇到的基本技术问题，并能有效利用搜索引擎查找项目相关知识及技术要点。

3）应用 PHP 的流程控制结构，解决讨论组功能开发过程中的实际问题，完成添加主题、显示主题、回复主题、显示回帖的功能。

4）掌握关系数据库的主、外键概念，学会使用 phpMyAdmin 管理关系数据库。能够根据情境编写稍复杂的 SQL 语句，实现对主题及回帖的查询、插入操作。

5）掌握基本的 JavaScript 语法，能够使用 JavaScript 完成前台的数据校验。

6）掌握 PHP 的循环控制结构及 while 语句的语法格式，并能够通过模仿完成显示主题及显示回帖的分页浏览功能。

建议学时：48 学时。

任务情境描述

某校办企业为了满足越来越多的用户进行信息反馈与业务咨询的需求，更好地推广企业产品，树立品牌文化，由市场部提出增加对公司各型号产品进行讨论的功能，即在门户网站增加产品讨论组的功能。

IT 部门在接到开发任务后，经过讨论研究，初步确定使用 PHP+MySQL 作为开发语言，以便快速响应业务需求；确定软件工程师小张为讨论组功能的开发人员，全程负责讨论组功能的开发与实施工作。

软件工程师小张接到开发任务后，根据需求规格说明书及概要设计说明书，分析任务实施过程中需要用到的技术，设计界面原型提交用户审核。审核通过后，小张对讨论组功能所需要的资源进行准备，包括 XAMPP 开发环境、PHP 帮助手册、MySQL 帮助手册、DIV+CSS 帮助手册等，并对讨论组功能进行了详细的设计，包括代码结构设计与数据库逻辑结构设计，并提交项目经理审核。

项目经理审核无误后，由小张根据确认结果进行项目开发。小张在开发实施前期，对 PHP+MySQL 的专业知识做了充足的准备工作，包括 DIV+CSS 页面布局知识、关系数据库知识、PHP 基础知识、流程控制功能等内容。

当小张对 PHP+MySQL 开发讨论组功能有了足够的知识储备之后，便展开讨论组功能的编写工作，步骤如下：①利用 phpMyAdmin 创建数据库 discuss 与数据表 message、reply_message。②使用 Dreamweaver 完成代码的结构设计工作，包括创建站点、图像文件夹 images，样式表文件 style.css 以及与数据库进行连接的文件 dbtools.inc.php。③完成前台界面设计工作，包括页面美化工作。④根据代码结构完成添加主题、显示主题、回复主题和显示回帖的功能。由于考虑到公司的客户群庞大，对各类产品的讨论及回帖较多，因此，在此功能上重点增加了对显示主题及显示回帖的数据分页功能，以方便客户进行浏览。⑤对代码进行单元测试及集成测试。

小张完成讨论组功能的开发任务后，提交至测试人员进行黑盒测试，并提交程序文件至系统管理员处，完成网站功能模块与企业网站功能的资源整合。由测试人员出具测试报告，对用户进行网站功能的使用方法培训，系统进入试运行阶段，收集用户的试用情况反馈，及时对功能模块进行完善。

试运行结束后，IT 部和市场部组织项目验收工作，并正式移交讨论组功能模块至系统管理员处，结束讨论组功能模块的全部开发与实施工作。网站功能正式上线，进入功能模块的维护阶段。

任务流程与活动

讨论组功能的任务流程与活动如下。

1）需求调研分析。

2）讨论组功能设计。

3）讨论组功能实现。

4）讨论组功能测试。

5）讨论组功能验收。

任务准备

Microsoft Office Visio 软件是一款方便快捷的绘图工具，通过使用该绘图工具，可以让 IT 和商务人员借助图表轻松地展现、分析和传达复杂信息、系统和流程。借助 Microsoft Office Visio 的流程图形状、软件和数据库形状可以简化绘图任务、提高生产率，同时帮助程序开发相关人员更加有效地沟通交流。在通常情况下，在软件的需求分析阶段，可以使用 Microsoft Office Visio 软件绘制 UML 用例图等，方便与客户沟通；在软件的设计与开发过程中，可以使用 Microsoft Office Visio 软件绘制程序的流程图，设计并开发数据库结构。因此，为了更好地完成讨论组设计与开发任务，需要安装 Microsoft Office Visio 软件，建议安装 Microsoft Office Visio 2007 或更高版本。

活动1 需求调研分析

学习目标

通过情景模拟的方式与客户沟通交流，并掌握以下技能。

1）能够描述讨论组功能的业务用户、系统名称。

2）能够描述讨论组功能的总体需求与功能需求。

3）能够使用 Microsoft Office 软件绘制讨论组功能的基本框图。

4）能够整理需求调研结果，转化为用户需求说明书。

知识准备

软件需求分为功能需求和非功能需求两大类，其中功能需求用来回答“系统做什么？系统何时做什么？”的问题；非功能需求主要回答“影响软件开发与实施的限制与约束条件，比如，性能需求、环境需求、界面需求、用户特点、项目开发进度及成本需求等”。

1）性能需求：项目开发的技术性指标，例如，存储容量限制、执行速度、相应时间、吞吐量。

2）环境需求：包括硬件设备、操作系统和网络等方面的要求。

3）界面需求：用户对于系统界面有无特殊要求，如界面风格、字体显示等。

4）用户特点：系统用户对计算机的操作熟练程度如何？

5）项目开发进度及成本需求：系统上线是否有规定的时间表？软、硬件投资成本是否有限制？

学习过程

信息收集

通过 Chinaren 校友录、大家网论坛、天涯社区等网络应用，认识讨论组及其相似功能，为后续讨论组功能的需求分析、系统设计与功能实现作准备。

1）请查阅资料，查找有关大家网论坛的相关资料，注册成为其会员，并在此写出该论坛的官网地址。

2）大家网论坛是目前影响较大的在线学习交流、考试服务和教育资讯平台。请开发团队的项目经理首先尝试在“计算机专区”版块发起一个讨论主题，项目组各成员针对该讨论主题发起回复。在此，仔细观察讨论主题的发表及回帖功能，详细记录其功能需求。

发表主题：

回帖：

总体需求

请仔细阅读任务情境描述，认真梳理论坛主题讨论组功能，回答以下问题。

1）讨论组功能的开发背景是什么？

2）讨论组功能要解决的问题是什么？

3）讨论组功能的业务用户是谁？是学生、教师、好友、游客、陌生人还是其他人？

功能需求

“好技网”讨论组功能至少需要包含添加主题、显示主题、回复主题和显示回帖等业务功能，请参考“好技网”讨论组界面原型、Chinaren 校友录、大家论坛以及天涯社区论坛的评论与回复等功能，回答以下调研提纲问题。

1）通过观察口述添加主题的业务功能，提炼并填写实现添加主题功能时需要用户输入或重点关注的信息，例如，作者、主题等。

2）在添加主题功能中，如果所有信息项均不填写，那么能否发表成功？如果发表不成功，则会出现什么现象？

3）通过观察口述显示主题的业务功能，提炼并填写实现显示主题功能时需要展示的关键信息。

4）显示主题功能随着主题数量的急速增长，会导致同一页面无法全部显示或者显示效果不理想的情况发生，建议分页显示主题。每页显示几条主题记录较好？

5）通过观察口述回复主题的业务功能，提炼并填写实现回复主题功能需要用户输入或重点关注的信息，例如，作者、回复主题等。

6）回复主题功能的界面入口如何处理？原主题信息和已回帖信息是否予以显示？如何显示？

7）通过观察口述显示回帖的业务功能，提炼并填写实现显示回帖功能时需要展示的关键信息。

8）显示回帖功能随着回帖数量的急速增长，会导致同一页无法全部显示或者显示效果不理想的情况发生，建议分页显示回帖。每页显示几条主题记录较好？

9）通过对比提炼的添加主题与显示主题的信息项，分析哪些信息项是由用户手工输入或填写的，哪些信息项是未经用户干预而由系统自动产生的？

用户输入的信息项：

系统自动产生的信息项：

10）通过对比提炼的回复主题与显示回帖的信息项，分析哪些信息项是由用户手工输入或填写的，哪些信息项是未经用户干预而由系统自动产生的？

用户输入的信息项：

系统自动产生的信息项：

11）根据调研结果，使用 Microsoft Office 软件绘制讨论组功能的程序功能图，并填写绘制结果（见图 2-1）。

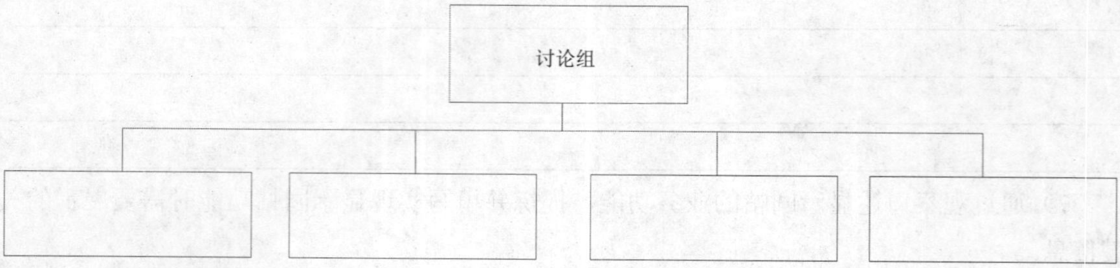

图2-1　讨论组功能的程序功能图

非功能需求

1）在性能方面，讨论组功能是否有特殊需求，如服务器存储容量的限制以及程序响应速度等。

2）在环境需求方面，讨论组功能运行的服务器设备及客户端设备有何要求？

服务器硬件设备、操作系统、应用软件等要求：

客户端硬件设备、操作系统、应用软件等要求：

3）在界面需求方面，用户对于讨论组功能界面是否有特殊要求，如，界面风格、字体显示、字形、字号、界面主色调等。

4）在用户特点方面，系统用户对计算机的操作熟练程度如何？

5）在项目开发进度及成本需求等方面，讨论组功能上线是否有规定的时间表？软、硬件投资成本是否有限制？

6）客户对于讨论组功能的使用是否有其他特殊的非功能需求？

活动评价

活动 1 考核评价表

评价内容	指标	评价项目	评价方式			综合评价
			自评 0.2	组评 0.3	师评 0.5	
专业能力（60 分）	知识技能	信息收集				
		总体需求				
		功能需求				
		非功能需求				
社会能力（30 分）	情感态度	出勤、纪律				
		学习态度				
	团队合作	讨论、互动				
		协作精神				
	沟通能力	语言表达				
		沟通领会				
方法能力（10 分）	方法能力	学习能力				
		收集和处理信息的能力				
		创新精神				
合　　计						

学生对活动的综合评价	
教师对活动的综合评价	

活动 2　讨论组功能设计

学习目标

1）能够根据需求调研分析结果绘制出满足客户需求的界面原型。

2）能够根据客户描述，结合讨论组功能的广泛应用，确定讨论组功能的数据库结构。

知识准备

关系数据库基础

以关系型数据模型为基础的数据库称为关系数据库。关系数据库是目前使用最广泛的数据库，现在流行的 MySQL、MS　SQL Server、Oracle 等都是关系数据库。

关系是一个带有特殊属性的二维表，这个表称为关系表。表中的行称为记录，列称为属性，行与列的交集称为单元，每一行代表一条数据。为了唯一地区分每条数据，关系表中增加了特殊的列，即可以唯一区分不同数据的属性称为主键。而为了建立不同表之间的联系，关系主表通常会存放另一个表的主键，此时，该主键在主表中称为外键。

程序流程图

算法是一个程序的灵魂，是为解决一个问题而采取的方法和步骤。程序流程图通过一些图框来表示各种操作，是表示算法的一种常用方法。通过程序流程图来描述算法直观形象、易于理解。通常情况下，采用统一的符号来描述程序流程图（见图 2-2）。

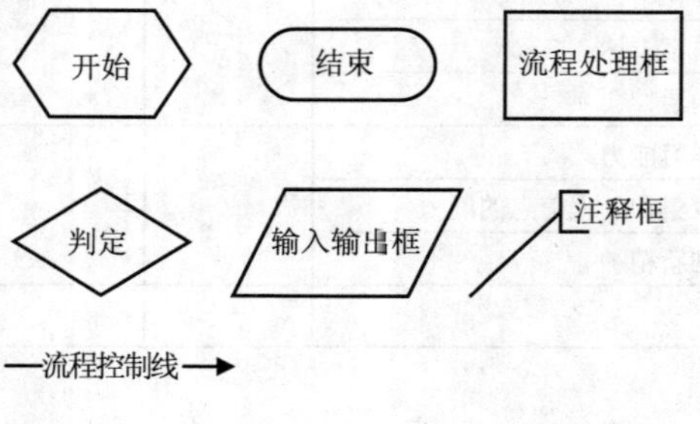

图2-2　程序流程图符号

学习过程

通过查询与搜集资料完成以下任务。

1）通过对讨论组功能的需求调研分析，结合网络论坛常见的讨论组功能，绘制符合客户需求的讨论组功能界面。

2）通过对讨论组功能的调研分析，设计出符合需求的数据结构，填写采集数据项及其属性，见表 2-1。

表 2-1　讨论组功能的数据结构

数据表一					
信息项	数据类型	允许 最大长度	是否 唯一	是否 允许空	备注
	□字母或数字 □数字 □日期		□是 □否	□是 □否	
	□字母或数字 □数字 □日期		□是 □否	□是 □否	
	□字母或数字 □数字 □日期		□是 □否	□是 □否	
	□字母或数字 □数字 □日期		□是 □否	□是 □否	
	□字母或数字 □数字 □日期		□是 □否	□是 □否	
	□字母或数字 □数字 □日期		□是 □否	□是 □否	
	□字母或数字 □数字 □日期		□是 □否	□是 □否	
	□字母或数字 □数字 □日期		□是 □否	□是 □否	

（续）

数据表二					
信息项	数据类型	允许 最大长度	是否 唯一	是否 允许空	备注
	□字母或数字 □数字 □日期		□是 □否	□是 □否	
	□字母或数字 □数字 □日期		□是 □否	□是 □否	
	□字母或数字 □数字 □日期		□是 □否	□是 □否	
	□字母或数字 □数字 □日期		□是 □否	□是 □否	
	□字母或数字 □数字 □日期		□是 □否	□是 □否	
	□字母或数字 □数字 □日期		□是 □否	□是 □否	
	□字母或数字 □数字 □日期		□是 □否	□是 □否	
	□字母或数字 □数字 □日期		□是 □否	□是 □否	

3）对于数据关系比较复杂的讨论组功能，其信息项的数据类型、最大长度、是否允许空、是否唯一等属性通常与数据库的表结构有对应关系，即一方面可以直接把需求调研分析得出的信息项转化为关系数据表及其字段；另一方面，需要注意关系数据表的联系字段。根据以上思路，完成讨论组功能的数据库结构，并特别标示各数据表的主、外键字段，见表 2-2。

表 2-2　讨论组功能的数据库物理结构设计

数据库名称					
数据表一名称					
字段名称	数据类型	允许 最大长度	是否 唯一	是否 允许空	备注

（续）

数据库名称					
数据表一名称					
字段名称	数据类型	允许 最大长度	是否 唯一	是否 允许空	备注
数据表二名称					
字段名称	数据类型	允许 最大长度	是否 唯一	是否 允许空	备注

4）参考添加主题和显示主题的程序流程图（见图 2-3 和图 2-4），理解并用文字的方式描述实现该功能模块的关键流程。

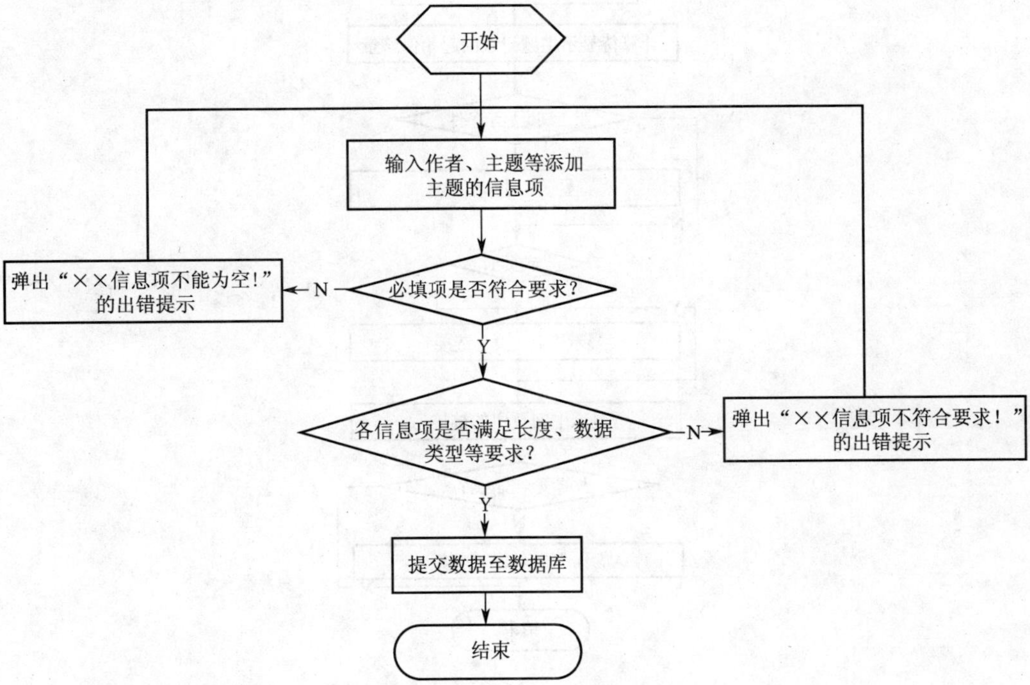

图2-3　添加主题的程序流程图

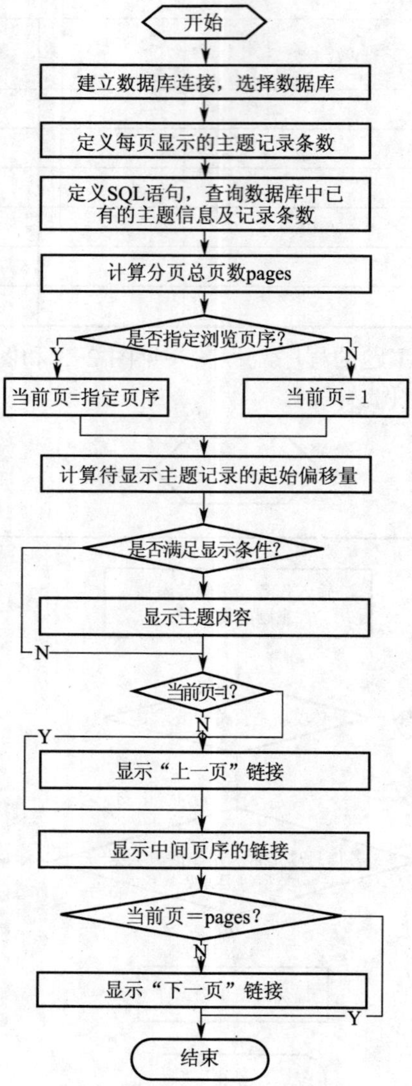

图2-4　显示主题的程序流程图

5）参考添加主题和显示主题的程序流程图（见图 2-3 和图 2-4），分别绘制回复主题和显示回帖的程序流程图。

回复主题的程序流程图

显示回帖的程序流程图

活动评价

活动 2 考核评价表

<table>
<tr><th rowspan="3">评价内容</th><th rowspan="3">指标</th><th rowspan="3">评价项目</th><th colspan="3">评价方式</th><th rowspan="3">综合评价</th></tr>
<tr><th>自评</th><th>组评</th><th>师评</th></tr>
<tr><th>0.2</th><th>0.3</th><th>0.5</th></tr>
<tr><td rowspan="4">专业能力
(60 分)</td><td rowspan="4">知识
技能</td><td>信息收集</td><td rowspan="4"></td><td rowspan="4"></td><td rowspan="4"></td><td rowspan="4"></td></tr>
<tr><td>界面设计</td></tr>
<tr><td>数据结构设计</td></tr>
<tr><td>程序流程图</td></tr>
<tr><td rowspan="6">社会能力
(30 分)</td><td rowspan="2">情感
态度</td><td>出勤、纪律</td><td rowspan="6"></td><td rowspan="6"></td><td rowspan="6"></td><td rowspan="6"></td></tr>
<tr><td>学习态度</td></tr>
<tr><td rowspan="2">团队
合作</td><td>讨论、互动</td></tr>
<tr><td>协作精神</td></tr>
<tr><td rowspan="2">沟通
能力</td><td>语言表达</td></tr>
<tr><td>沟通领会</td></tr>
<tr><td rowspan="3">方法能力
(10 分)</td><td rowspan="3">方法
能力</td><td>学习能力</td><td rowspan="3"></td><td rowspan="3"></td><td rowspan="3"></td><td rowspan="3"></td></tr>
<tr><td>收集和处理信息的能力</td></tr>
<tr><td>创新精神</td></tr>
<tr><td colspan="3">合　　计</td><td></td><td></td><td></td><td></td></tr>
<tr><td colspan="2">学生对活动的
综合评价</td><td colspan="5"></td></tr>
<tr><td colspan="2">教师对活动的
综合评价</td><td colspan="5"></td></tr>
</table>

活动 3　讨论组功能实现

学习目标

1）能使用 PHP 的简单流程控制功能，包括 if…else…条件控制语句、while 循环语句。

2）能运用 MySQL 基础知识，包括：①外键的概念。②复杂 SQL 语句的使用，包括条件查询语句。

3）能应用表单的事件调用 JavaScript 的方法以及使用 JavaScript 完成数据校验的方法。

4）能使用 CSS 文件统一设置简单的字体、字形、字号等，并将外部样式表文件嵌入到页面中。

5）能实现分页浏览功能。

6)能使用 PHP 生成随机数方法 mt_rand()生成随机数,从而完成图片的随机显示功能。

知识准备

PHP 流程控制

与大多数程序开发语言一样,PHP 语言的流程结构分为顺序结构、选择结构和循环结构,其中 PHP 语言使用 if…else…和 switch 语句来实现选择分支结构；使用 while、do…while、for 和 foreach 等语句来实现循环结构。

JavaScript

JavaScript 是一种基于对象和事件驱动并具有相对安全性的客户端脚本语言(脚本语言是一种轻量级的编程语言)，同时也是一种广泛用于客户端 Web 开发的脚本语言，常用来为 HTML 网页添加动态功能，比如，响应用户的各种操作。它是一种动态、弱类型、基于原型的语言，内置支持类。一个完整的 JavaScript 实现是由以下 3 个不同部分组成的：核心（ECMAScript)、文档对象模型（Document Object Model，简称 DOM)、浏览器对象模型（Browser Object Model，简称 BOM)。

JavaScript 是一种解释性语言,由数行可执行的计算机代码组成,通常被直接嵌入 HTML 页面，所有的用户无需购买许可证均可使用 JavaScript。

CSS

级联样式表(Cascading Style Sheet，简称 CSS)，通常又称为“风格样式表(Style Sheet)”，是一种用来表现 HTML 或 XML 等文件的样式,能够真正做到网页表现与内容分离的一种样式设计语言。通过设立样式表，可以统一地控制 HTML 中各标签的显示属性，使人能更有效地控制网页外观，可以扩充精确指定网页元素位置、外观以及创建特殊效果的能力。相对于传统 HTML 的表现而言，CSS 能够对网页中的对象的位置排版进行像素级的精确控制，支持几乎所有的字体、字号样式，拥有对网页对象和模型样式编辑的能力，并能够进行初步交互设计，是目前基于文本展示最优秀的表现设计语言。CSS 能够根据不同使用者的理解能力简化或者优化写法，有较强的易读性。

学习过程

数据库开发

根据讨论组功能设计结果，使用 phpMyAdmin 数据库管理工具，完成数据库及数据表的搭建（见图 2-5　图 2-7）。

服务器: localhost ▸ 数据库: discuss_group

结构 | SQL | 搜索 | 查询 | 导出 | 导入 | 设计器 | 操作 | 权限 | 删除

	表	操作	记录数 1	类型	整理	大小	多余
☐	message		22	MyISAM	utf8_general_ci	4.2 KB	-
☐	reply_message		19	MyISAM	utf8_general_ci	5.5 KB	-
	2 个表	总计	41	MyISAM	utf8_general_ci	9.7 KB	0 字节

图2-5　discuss_group讨论组数据库信息

服务器: localhost ▸ 数据库: discuss_group ▸ 表: message "主题信息"

浏览 | 结构 | SQL | 搜索 | 插入 | 导出 | 导入 | 操作 | 清空 | 删除

	字段	类型	整理	属性	空	默认	额外	操作
☐	id	int(11)		UNSIGNED	否	无	auto_increment	
☐	author	varchar(50)	utf8_general_ci		否	无		
☐	title	varchar(500)	utf8_general_ci		否	无		
☐	content	varchar(1000)	utf8_general_ci		否	无		
☐	issueDate	datetime			否	无		

图2-6　message主题信息表

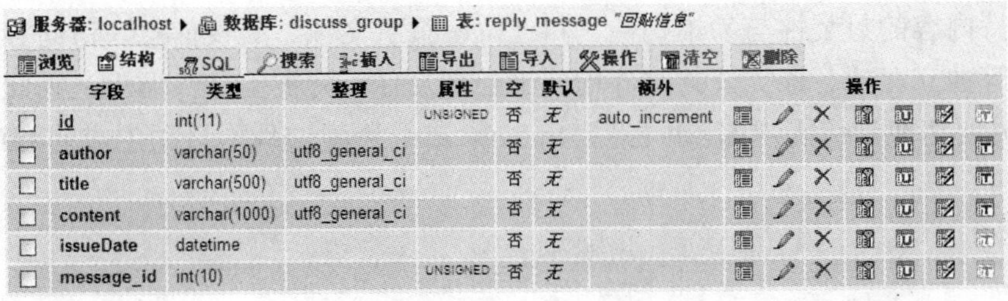
服务器: localhost ▸ 数据库: discuss_group ▸ 表: reply_message "回帖信息"

浏览 | 结构 | SQL | 搜索 | 插入 | 导出 | 导入 | 操作 | 清空 | 删除

	字段	类型	整理	属性	空	默认	额外	操作
☐	id	int(11)		UNSIGNED	否	无	auto_increment	
☐	author	varchar(50)	utf8_general_ci		否	无		
☐	title	varchar(500)	utf8_general_ci		否	无		
☐	content	varchar(1000)	utf8_general_ci		否	无		
☐	issueDate	datetime			否	无		
☐	message_id	int(10)		UNSIGNED	否	无		

图2-7　reply_message回帖信息表

搭建网站站点

1）使用 XAMPP 开发环境启动 Apache 和 MySQL 服务。

2）建立网站根目录，如 C:\xampp\htdocs\DiscussGroup。

3）创建并管理网站站点（见图 2-8）。

图2-8　讨论组站点信息

4）搭建网站公共文件或目录，见表 2-2。

表 2-2　网站公共文件或目录结构

文件或文件夹	说　明
images 文件夹	存放图片
style.css	样式表文件，控制界面的显示效果等
dbtools.inc.php	访问数据库文件
logo.php	Logo 文件
copyright.php	版权信息文件

讨论组功能开发

1. 收集素材

1）将所搜集与制作的讨论组素材图片存放在本地站点文件夹“images”中。

2）对于 images 文件夹中的关于各讨论主题的图片，请以连续数字命名，如 0.jpg、1.jpg 等。

2. 创建公共文件

为了保持内容的封装性与易维护性，将 Logo 页头文件、版权信息、访问数据库文件、样式表文件等独立存放。该类公共文件均属于外部文件，将被主文件调用。因此，在创建该类文件时，需要切换到代码视图，并将由 Dreamweaver 新建文件所自动生成的 HTML 代码删除（见图 2-9）。

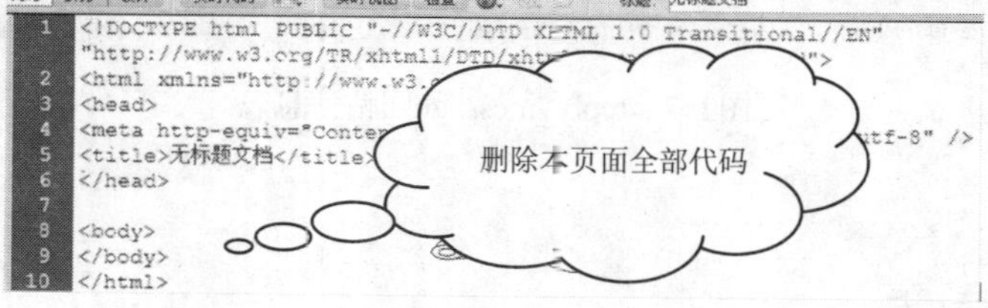

图2-9　创建公共文件

（1）logo.php 页头文件

使用 logo.jpg 完成 logo.php 文件的创建。参考代码如下。

```
<img alt="LOGO" src="images/logo.jpg" />
```

（2）copyright.php 版权文件

使用简单的页面布局完成 copyright.php 版权文件的编制（见图 2-10）。

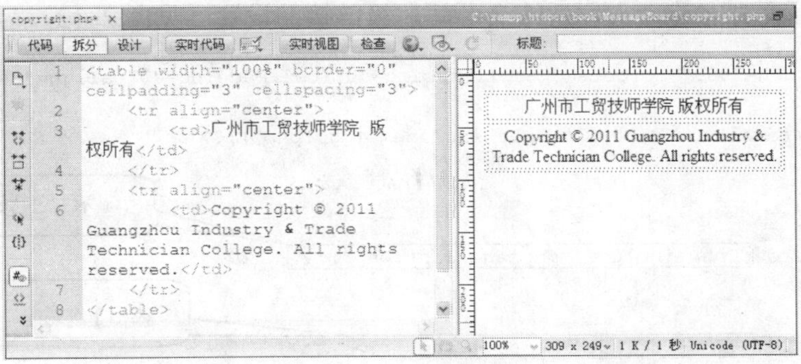

图2-10 copyright.php版权文件

（3）style.css 样式表文件

在讨论组站点创建外部样式表 style.css，以统一管理讨论组项目相关功能的界面风格，如行高、字体、字形、字号、字体颜色、背景色等内容。请填写 style.css 的关键内容。

____

____

____

（4）dbtools.inc.php 访问数据库文件

讨论组的众多功能均需要通过访问数据库实现数据表的插入与查询操作。因此，需要将访问数据库的过程封装在独立的文件中，以增强程序的可读性与易维护性。请在讨论组站点创建访问数据库的文件 dbtools.inc.php，并根据程序注释补齐代码（见图 2-11）。

```
<? php
  $server="____________________";//定义数据库服务器

  $user="______________________";//定义数据库用户

  $password="__________________";//定义数据库密码

  $con=______________($server, $user, $password);//调用函数，连接数据服务器

  if(!$con)//连接失败
  {
      die("数据库连接失败！".mysql_error());
  }
  else//连接成功
  {
      ______________________; //处理乱码方法

      ______________________; //选择数据库
  }

? >
```

图2-11 dbtools.inc.php源代码

（5）index.php 讨论主题主页面

为整合资源，将讨论主题中的添加主题及显示主题功能进行资源整合，预置添加主题及显示主题的页面文件名称，方便后续页面间超级链接的设置（见图 2-12）。

```
<table width="800" border="0" cellspacing="0" cellpadding="0" align="center">
    <tr>
        <td align="center"><?php include("logo.php");?>
        </td>
    </tr>
    <tr>
        <td><?php include("message_list.php");?></td>
    </tr>
    <tr>
        <td><?php include("message.php");?></td>
    </tr>
    <tr>
        <td><?php include("copyright.php");?></td>
    </tr>
</table>
```

显示主题功能

添加主题功能

图2-12　index.php讨论主题主页面

（6）reply_index.php 回帖信息主页面

为整合资源，将回复主题中的回复主题及显示回帖功能进行资源整合，预置回复主题及显示回帖的页面文件名称，方便后续页面间超级链接的设置（见图 2-13）。

```
<table width="800" border="0" cellspacing="0" cellpadding="0" align="center">
  <tr>
        <td align="center"><?php include("logo.php");?>
    </td>
    </tr>
    <tr>
        <td><?php include("reply_list.php");?></td>
    </tr>
    <tr>
        <td><?php include("reply.php");?></td>
    </tr>
    <tr>
        <td><?php include("copyright.php");?></td>
    </tr>
</table>
```

显示回帖功能

回复主题功能

图2-13　reply_index.php回帖信息主页面

3. 实现添加主题功能

（1）创建表单

实现添加主题功能时需要创建表单，以实现将采集的用户数据插入到数据表中，从而完成与数据库服务器的数据交互。根据添加主题功能的界面设计，完成该功能的表单定义，见表 2-3。

表 2-3 添加主题表单

<table>
<tr><td>界面原型</td><td>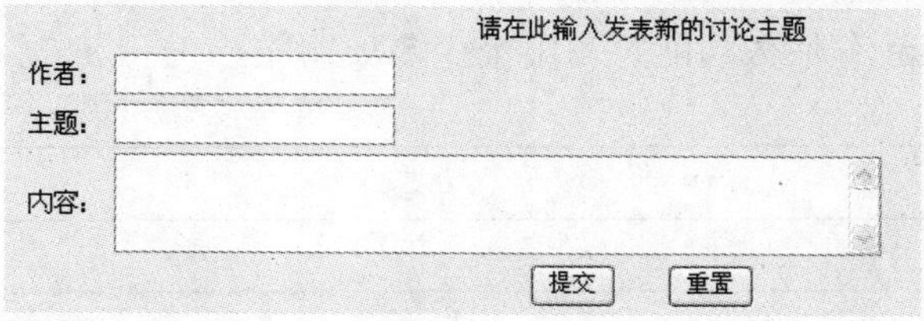
</td></tr>
<tr><td>文件名</td><td>message.php</td></tr>
<tr><td>表单代码</td><td><pre><form action="post_message.php" method="post" onsubmit="javascript:return
checkInfo();">
<table width="800" align="center" cellspacing="3" bgcolor="#CCFFFF">
  <tr>
    <td colspan="2" align="center">请在此输入发表新的讨论主题</td>
  </tr>
  <tr>
    <td align="right" width=100>作者:</td>
    <td><input type="text" name="author" id="author" width="200" /></td>
  </tr>
  <tr>
    <td align="right">主题:</td>
    <td><input type="text" name="title" id="title" width="200" /></td>
  </tr>
  <tr>
    <td align="right">内容:</td>
    <td><textarea name="content" id="content" rows="3" cols="50" ></textarea></td>
  </tr>
  <tr>
    <td align="center" colspan="2"><input type="submit" name="submit" id="submit"
value=" 提 交 " />   <input type="reset" name="reset"
id="reset" value="重置" /></td>
  </tr>
</table>
</form></pre></td></tr>
</table>

对于一些功能比较集中、比较复杂的表单处理过程，通常将表单的 action 属性设置为一个新页面，从而封装表单的处理过程，以增强程序的可读性与易维护性，如 post_message.php 页面。

（2）前台数据校验

在通常情况下，如果用户输入的数据为空，则不允许提交数据至服务器（见图 2-14）。

图2-14 前台数据校验

为了实现该类功能，需要在前端使用 JavaScript 语言编制函数实现。通过查阅资料，完成下列问题。

1）JavaScript 有什么功能？写出至少 5 项功能。

____

____

____

____

____

2）JavaScript 可以直接嵌入在 HTML 中使用，也可以放在外部文件通过特定的语句引入到作用文档。在此写出 JavaScript 在文件内部与外部的嵌入方法或标签分别是什么？

内部嵌入：____

____

____

外部文件引入：____

____

____

3）JavaScript 语句是发给浏览器的命令，这些命令的作用是告诉浏览器要做的事情。如实现当单击“提交”按钮时弹出警告“你单击了提交按钮！”功能的 JavaScript 代码段，见表 2-4。

表 2-4　JavaScr pt 代码段

<table>
<tr><th>关键代码</th><th>功能效果</th></tr>
<tr><td><pre>
<script language="javascript">
function test()
{
   alert("你单击了提交按钮！")；
}
</script>
<form action=""method="post"
   onsubmit="return test();">
   <input type="submit" value="提交" />
</form>
</pre></td><td>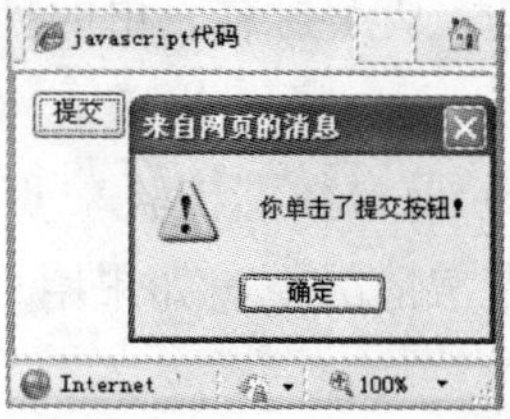
</td></tr>
</table>

根据前述知识点，结合自己的表单设置情况修改添加主题页面，即 message.php 的表单，完成在单击“提交”按钮时调用 JavaScript 函数实现前台数据校验功能。请根据程序注释，补齐关键代码段（见图 2-15）。

```
<script language="javascript">
function chechInfo()
{
   author= document.getElementById("author").value;//获取id=author的信息项值
   //获取其他信息项的值，至少一个
   ______________________________________________________________
   ______________________________________________________________
   ______________________________________________________________
   if(author =="")
   {
      alert("作者信息项不能为空！");
      document.getElementById("author").focus();
      return false;
   }
   //获取其他信息项的值，至少一个
   ______________________________________________________________
   ______________________________________________________________
   ______________________________________________________________
   ______________________________________________________________
   ______________________________________________________________
   return true;
}
</script>
<form action="post_message.php"method="post"
   onsubmit="_______________________________________________">
```

图2-15　JavaScript前台数据校验功能

（3）添加主题功能实现

1）添加主题功能的实现流程（见图 2-16）。

添加主题功能即将讨论主题存入数据表的过程，其处理表单数据的过程代码放置在<form action= " URL"></form>的 URL 页面，如 post_message.php 页面。

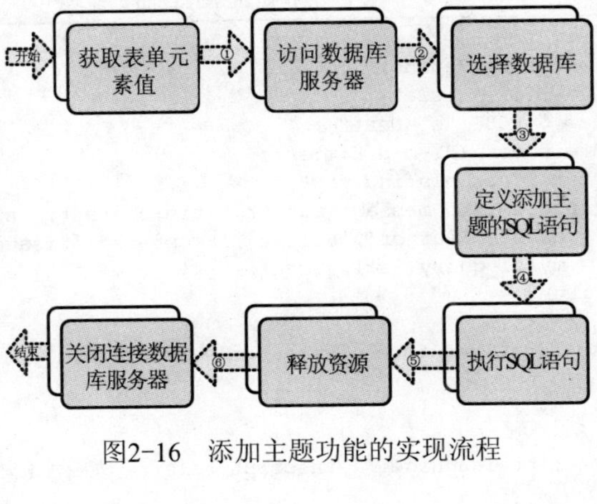

图2-16　添加主题功能的实现流程

2）获取表单元素值。

在 post_message.php 中获取添加讨论主题页面的表单元素值，并赋给相应的变量。在下面填写完整的过程定义代码。

____

____

____

____

3）访问数据库服务器。

因为已经定义了独立的 dbtools.inc.php 页面，封装了访问数据库的前期操作，所以此处只需要在 post_message.php 文件中包含 dbtools.inc.php 文件即可实现访问数据库的功能。包含方法为：

____

____

4）定义添加讨论主题的 SQL 语句。

添加讨论主题的最终目的是将采集的讨论主题信息保存到数据库，即插入数据到数据库。根据 SQL 插入语句的语法格式，结合获取的表单元素值，编制插入讨论主题的动态 SQL 语句，并将内容赋给变量$sql。

____

____

5）执行 SQL 语句，实现发表讨论主题的功能。

```
mysql_query($sql);
```

6）添加主题功能的代码整合。

根据基础知识整理各步骤的关键代码，完成添加主题功能，见表 2-5。

表 2-5 添加主题功能代码

文件名	post_message.php

实现代码	<pre><?php
	    $author = $_POST["author"];
	    $title = $_POST["title"];
	    $content = $_POST["content"];
	    $issueDate = date("Y-m-d H:m:s");
	    include_once("dbtools.inc.php");
	    $sql = "insert into message(author,title,content,issueDate)";
	    $sql .= "values('$author','$title','$content','$issueDate')";
	    $result = mysql_query($sql, $con);
	     if($result)
	    {
	     echo "<script language='javascript'>alert('发表讨论成功！');</script>";
	    }
	    else
	    {
	     echo "<script language='javascript'>alert('发表讨论失败！');</script>";
	    }
	    echo "<meta http-equiv='refresh' content='0;url=index.php'>";
	?></pre>

4. 实现显示主题功能

显示主题功能即将保存在数据库中的主题信息使用 SQL 语句查询出来，并将查询结果记录集显示在前端页面。为了使显示的效果更加贴切实际应用，需要将主题信息分页显示，从而达到分页浏览的效果。

（1）创建显示主题页面

创建并打开实现显示主题功能的页面 message_list.php，用以完成显示主题的相关代码程序。

（2）定义数组变量用来存放背景颜色，以美化界面。

请通过查阅帮助手册等资料，完成以下问题。

1）什么是数组？

____

____

____

2）PHP 有 3 种数组类型，数值数组、关联数组和多维数组，其中数值数组与关联数组是程序开发过程中使用较为频繁的定义方式，如结果记录集$result 本质上是一种关联数组。下列用来存放背景颜色的定义方式属于数值数组的一部分。

```
$bgcolor[0]="#CC66FF";
$bgcolor[1]="#FFCAEE";
$bgcolor[2]="#FFFFCC";
$bgcolor[3]="#B9EEB9";
$bgcolor[4]="#B9E9FF";
```

3）使用上述数值数组的定义方式实现背景颜色的动态存储，以美化界面的显示效果。

（3）访问数据库服务器

在完成显示主题功能时需要与数据库进行交互，因此，需要访问数据库服务器。因为已经创建了独立的数据库访问文件，所以此处只需要包含该文件即可实现连接数据库服务器并选择数据库的功能。请在下画线处填写包含数据库访问文件的代码。

____

____

____

（4）设定每页显示的主题记录条数

为方便后续程序开发达到变量封装的目的，需要确定显示主题页面每页显示的记录条数，并将该记录条数存放在变量中。

```
$records_per_page = 3; //每页显示的记录条数
```

（5）定义 SQL 查询语句

显示主题功能需要先从数据表中将已有的主题信息读取出来。请根据 SQL 查询语句的语法格式，在"message_list.php"页面编制查询讨论主题的动态 SQL 语句，并将内容赋给变量$sql。

____

____

____

（6）执行查询语句，并保存结果至记录结果集变量$result 中

```
$result = mysql_query($sql);
```

（7）获取结果集中的记录总数

因为需要计算分页情况，所以需要获取结果集$result 变量中的记录条数。

```
$count = mysql_num_rows($result); //获取记录条数
```

（8）计算分页情况

根据每页显示的主题记录数$records_per_page、记录总数$count 计算分页总数。查阅帮助手册等资料，完成以下问题。

1）在 PHP 的数学函数中，包括向上取整的函数 ceil()，请写出 ceil(2.5)的运行结果。

____

2）在 PHP 的数学函数中，包括向下取整的函数 floor()，请写出 floor(2.5)的运行结果。

____

3）根据对以上数学函数的分析，利用$records_per_page 和$count 变量，计算出分页总页数，并将计算结果赋给变量$pages。

____

（9）设定当前访问的页码

因为讨论主题以分页浏览的方式展示，所以需要确定当前访问的主题信息所在的页码$cur_page，从而有效展示正确范围内的数据信息。确定页码的方式有两种，即当不指定页码时，当前页为第一页；当指定页码时，当前页为指定页（注：指定页码的操作由页码导航确定）。

```
if(isset($_GET["page"]))//如果指定访问页码，则当前页为参数设定的页码
{
$cur_page = $_GET["page"]; //由参数获得当前页
}
else
{
```

```
$cur_page = 1;//如果没有指定访问页码，则当前页默认为第一页
}
```

（10）计算当前页码首条记录在结果集中的偏移量，并移动记录指针至该偏移量

```
$start_no = ($cur_page-1) * $records_per_page;      //当前页首条记录的偏移量
mysql_data_seek($result, $start_no);                 //移动指针至该偏移
```

（11）定义循环变量

定义循环变量，设定初始值，用于动态控制每页显示的主题记录条数不超过指定的记录数$records_per_page。

```
$j = 1;
```

（12）根据查询结果，结合每页显示的最大记录条数$records_per_page 循环显示结果至页面

通过 12 步操作已经将结果集存放在$result 变量中，并为分页浏览做好了准备。此时，如果要将讨论主题逐条显示在前端页面，则需要逐条到结果集$result 变量中读取并显示（见图 2-17）。

```
//while:循环控制语句，完成{}循环体中重复执行的操作。
//mysql_fetch_array($result):本函数用于逐条访问数据库记录结果集的PHP内置函数。
//$j<=$records_per_page:使用循环变量$j，用来控制每页显示的记录数不超过变量$records_per_page。
while($row = mysql_fetch_arrat($result) and $j<= $records_per_page)
{
   //mt_rand()函数：用来获取随机数字，完成背景颜色的随机显示效果。
   echo "<tr bgcolor='" . $bgcolor[mt_rand(0,4)] . "'>";

   echo "<td align='center'>";

   //mt_rand()函数：用来获取随机数字，通过拼装文件名，完成记录头像的随机显示效果。
   echo "<img src='images/" . mt_rand(0,9) . ".gif'";

   echo "align='center' width=100 /></td>";
   echo "td align='left'>";
   echo "主题：$row[title]<br>";
   echo "作者：$row[author]<br>";
   echo "发表时间：$row[issueDate]<br>";
   echo "内容：$row[content]<br>";

   //阅读与加入讨论组：定义回复主题功能的程序入口，并通过URL参数传递讨论主题的主键值。
   echo "<a href='reply_index.php?id=$row[id]'>阅读与加入讨论组</a></td>";

   echo "</tr>";
    $j ++;
}
```

图2-17　循环显示主题程序代码分析

（13）设置分页导航

1）显示“上一页”链接。

如果当前页不等于第一页，则需要显示“上一页”链接。因为分页导航的链接地址依然为显示主题页面，所以其导航关键链接地址依然是当前页面。

```
if($cur_page != 1)
{
 echo "<a href='index.php?page=" . ($cur_page - 1) ."'>上一页</a>\t\t";
}
```

2）显示分页页码链接。

根据分页情况，分别显示链接至各页码的导航。

```
for($i=1; $i <= $pages; $i++)
{
 if($i == $cur_page) //当前页码，不显示超链接
 {
     echo $i ."\t\t";
 }
 else                    //非当前页码，显示超链接
 {
     echo "<a href='index.php?page=$i'>$i</a>\t\t";
 }
}
```

3）显示“下一页”链接。

如果当前页不等于最后一页即分页总页数时，则需要显示“下一页”链接。因为分页导航的链接地址依然为显示主题页面，所以其导航关键链接地址依然是当前页面。

```
if($cur_page != $pages)
{
 echo "<a href='index.php?page=" . ($cur_page + 1) ."'>下一页</a>\t\t";
}
```

（14）显示主题功能的代码整合

根据前述基础知识，整理各步骤的关键代码，完成显示主题功能，见表 2-6。

表 2-6　显示主题功能代码

<table>
<tr><th>文件名</th><th>message_list.php</th></tr>
<tr><td>实现代码</td><td><pre>
<table width="800" align="center" cellspacing="3">
<?php
    include_once("dbtools.inc.php");
    $bgcolor[0]="#CC66FF";
    $bgcolor[1]="#FFCAEE";
    $bgcolor[2]="#FFFFCC";
    $bgcolor[3]="#B9EEB9";
        $bgcolor[4]="#B9E9FF";
</pre></td></tr>
</table>

（续）

文件名	message_list.php
实现代码	（见下方代码）

```
    $records_per_page = 3;//每页显示的记录条数
    $sql = "select * from message order by issueDate desc";
    $result = mysql_query($sql, $con);
    $count = mysql_num_rows($result);//获取记录条数
    $pages = ceil($count/$records_per_page);//计算分页总数
    if(isset($_GET["page"]))//如果指定访问页码，则当前页为参数设定的页码
    {
     $cur_page = $_GET["page"];  //由参数获得当前页
    }
    else
    {
     $cur_page = 1;//如果没有指定访问页码，则当前页默认为第一页
    }
    $start_no = ($cur_page-1) * $records_per_page;  //当前页首条记录的偏移量
    mysql_data_seek($result, $start_no);                  //移动指针至该偏移量
    $j = 1;//设定循环变量，控制页面的记录显示条数
    while($row = mysql_fetch_array($result) and $j<= $records_per_page)
    {
     echo "<tr bgcolor='" . $bgcolor[mt_rand(0,4)] . "'>"    ;
     echo  "<td  align='center'><img  src  =  'images/"  .  mt_rand(0,9)  .  ".gif'
align='center' width = 100 /></td>";
     echo "<td align='left'>";
     echo "主题：$row[title]<br>";
     echo "作者：$row[author]<br>";
     echo "发表时间：$row[issueDate]<br>";
     echo "内容：$row[content]<br>";
     echo "<a href='reply_index.php?id=$row[id]'>阅读与加入讨论组</a></td>";
     echo "</tr>";
     $j ++;
    }
    echo "<tr><td colspan=2 align='center'>";
    if($cur_page != 1)
    {
     echo "<a href='index.php?page=" . ($cur_page - 1) ."'>上一页</a>\t\t";
    }
    for($i=1; $i <= $pages; $i++)
    {
     if($i == $cur_page)     //当前页码，不显示超链接
     {
         echo $i ."\t\t";
     }
     else                  //非当前页码，显示超链接
     {
        echo "<a href='index.php?page=$i'>$i</a>\t\t";
     }
    }
    if($cur_page != $pages)
    {
     echo "<a href='index.php?page=" . ($cur_page + 1) ."'>下一页</a>\t\t";
    }
    echo "</td></tr>";
?>
</table>
```

（15）拓展任务

请使用<table>表格布局美化显示主题功能的界面。

5. 实现回复主题功能

（1）创建表单

实现回复主题功能时需要创建表单，以实现将采集的用户数据插入到数据表中，从而完成与数据库服务器的数据交互。根据回复主题功能的界面设计，完成该功能的表单定义，见表 2-7。

表 2-7　回复主题表单

界面原型	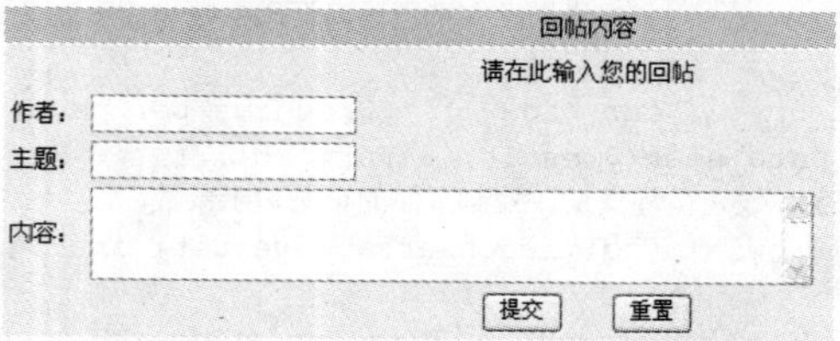
文件名	reply.php

表单代码

```
<form action="post_reply.php" method="post" onSubmit="return checkInfo();">
<table width="800" align="center" cellspacing="3" bgcolor="#CCFFFF">
<input type="hidden" name="message_id" value=<?php echo $_GET[id];?> />
<tr>
<td colspan="2" align="center">请在此输入您的回帖</td>
</tr>
  <tr>
    <td align="right" width=100>作者：</td>
    <td><input type="text" name="author" id="author" width="200" /></td>
  </tr>
  <tr>
    <td align="right">主题：</td>
    <td><input type="text" name="title" id="title" width="200" /></td>
  </tr>
  <tr>
    <td align="right">内容：</td>
    <td><textarea    name="content"    id="content"     rows="3"     cols="50"
></textarea></td>
  </tr>
  <tr>
    <td align="center" colspan="2">
     <input    type="submit"    name="submit"    id="submit"    value="  提  交  "
/>    
     <input type="reset" name="reset"  id="reset" value="重置" />
     </td>
  </tr>
</table>
</form>
```

对于一些功能比较集中、比较复杂的表单处理过程，通常将表单的 action 属性设置为一个新页面，从而封装表单的处理过程，以增强程序的可读性与易维护性，如 post_reply.php 页面。

（2）前台数据校验

在通常情况下，如果用户输入的数据为空，则不允许提交数据至服务器（见图 2-18）。

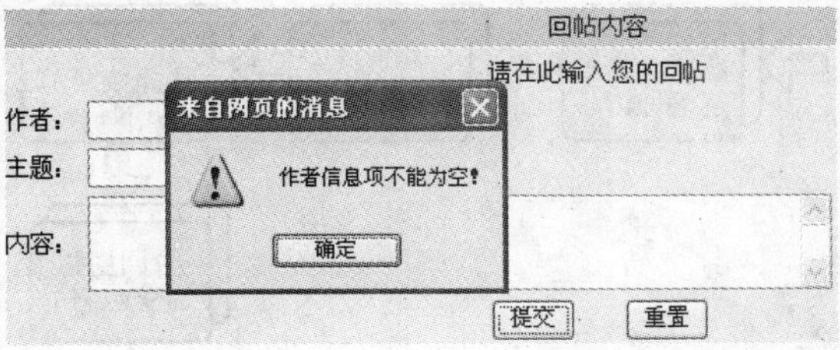

图2-18　前台数据校验

为了实现该类功能，需要在前端使用 JavaScript 语言编制函数实现。根据上述知识，结合自己的表单设置情况，修改回复主题页面即 reply.php 的表单，完成在单击“提交”按钮时调用 JavaScript 函数，实现前台数据校验功能。补齐关键代码（见图 2-19）。

```
<script language="javascript">
function chechInfo()
{
    author= document.getElementById("author").value;//获取id=author的信息项值
    //获取其他信息项的值，至少一个
    ________________________________________________
    ________________________________________________
    ________________________________________________
    if(author =="")
    {
        alert("作者信息项不能为空！");
        document.getElementById("author").focus();
        return false;
    }
    //获取其他信息项的值，至少一个
    ________________________________________________
    ________________________________________________
    ________________________________________________
    ________________________________________________
    ________________________________________________
    ________________________________________________
    return true;
}
</script>
```

图2-19　JavaScript前台数据校验

（3）回复主题功能实现

1）回复主题功能的实现流程（见图 2-20）。

回复主题功能即将回帖存入数据表的过程，其处理表单数据的过程代码放置在<form action="URL"></form>的 URL 页面，如 post_reply.php 页面。

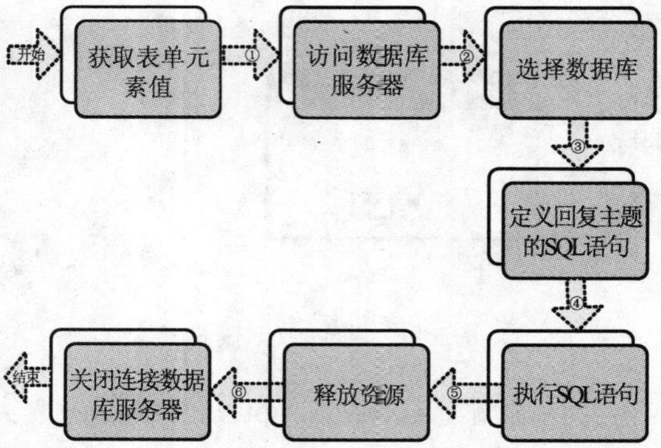

图2-20 回复主题功能实现流程

2）获取表单元素值。

在 post_reply.php 中获取回复主题页面的表单元素值，并赋给相应的变量。在下面填写完整的过程定义代码。

____

____

____

____

____

____

3）访问数据库服务器。

因为已经定义了独立的 dbtools.inc.php 页面，封装了访问数据库的前期操作，所以此处只需要包含 dbtools.inc.php 文件即可实现访问数据库的功能。包含方法为：

____

____

4）定义回复主题的 SQL 语句。

回复主题的最终目的是将采集的回帖信息保存到数据库，即插入数据到数据库。根据 SQL 插入语句的语法格式，结合获取的表单元素值，编制插入回帖信息的动态 SQL 语句，并将内容赋给变量$sql。

____

____

5）执行 SQL 语句，实现回复主题的功能。

```
mysql_query($sql);
```

6）回复主题功能的代码整合。

根据基础知识整理各步骤的关键代码，完成回复主题功能，见表 2-8。

表 2-8 回复主题功能代码

文件名	post_ reply.php

实现代码	`<?php`
	`include("dbtools.inc.php");`
	`$author = $_POST["author"];`
	`$title = $_POST["title"];`
	`$content = $_POST["content"];`
	`$issueDate = date("Y-m-d H:m:s");`
	`$id = $_POST["message_id"];`
	`$sql = "insert into reply_message(author,title,content,issueDate,message_id)";`
	`$sql .= "values('$author','$title','$content','$issueDate', $id)";`
	`echo "<script language='javascript'>";`
	`if(mysql_query($sql, $con))`
	`{`
	`echo "alert('回帖成功！');";`
	`}`
	`else`
	`{`
	`echo "alert('回帖失败！');";`
	`}`
	`echo "</script>";`
	`echo "<meta http-equiv='refresh' content='0;url=reply_index.php?id=$id'>";`
	`?>`

6. 实现显示回帖功能

显示回帖功能分成两部分内容，一部分是原讨论主题的详细信息，另一部分是针对该主题的回帖信息。其中显示回帖信息即将保存在数据库中的回帖信息使用 SQL 语句查询出来，并将查询结果记录集显示在前端页面。为了使显示的效果更加贴近实际应用，需要将回帖信息分页显示，从而达到分页浏览的效果，其实现流程与显示主题相同。

（1）创建显示回帖页面

创建并打开实现显示回帖功能的页面 reply_list.php，用以完成显示回帖的相关代码程序。

（2）定义数组变量用来存放背景颜色，以美化界面

```
$bgcolor[0]="#CC66FF";
$bgcolor[1]="#FFCAEE";
$bgcolor[2]="#FFFFCC";
$bgcolor[3]="#B9EEB9";
$bgcolor[4]="#B9E9FF";
```

（3）访问数据库服务器

在完成显示回帖功能时需要与数据库进行交互，因此，需要访问数据库服务器。因为已经创建了独立的数据库访问文件，所以此处只需要包含该文件即可实现连接数据库服务器并选择数据库的功能。请在下画线处填写包含数据库访问文件的代码。

____

____

（4）获取当前讨论主题的主键值

当前讨论主题的主键值已经由“阅读与加入讨论组”超级链接以 URL 参数的方式传入本页，因此，只需要使用预定义变量，即可获取该值。

```
$id = $_GET["id"];
```

（5）设定每页显示的回帖记录条数

为方便后续程序开发达到变量封装的目的，需要确定显示回帖页面每页显示的记录条数，并将该记录条数存放在变量中。

```
$records_per_page = 3;//每页显示的记录条数
```

（6）定义 SQL 查询语句

显示回帖功能，需要先从数据表中将该讨论主题的全部回帖信息读取出来。请根据 SQL 查询语句的语法格式，在 reply_list.php 页面编制动态 SQL 语句以查询外键 message_id=$id 的全部回帖信息，并将内容赋给变量$sql。

____

____

（7）执行查询语句，并保存结果至记录结果集变量$result 中

```
$result = mysql_query($sql);
```

（8）获取结果集中的记录总数

因为需要计算分页情况，所以需要获取结果集$result 变量中的记录条数。

```
$count = mysql_num_rows($result);//获取记录条数
```

（9）计算分页情况

根据每页显示的回帖记录数$records_per_page、记录总数$count 计算分页总数，并将计算结果赋给变量$pages。

____

（10）设定当前访问的页码

因为回帖信息以分页浏览的方式展示，所以需要确定当前访问的回帖信息所在的页码$cur_page，从而有效展示正确范围内的数据信息。确定页码的方式有两种，即当不指定页码时，

当前页为第一页；当指定页码时，当前页为指定页（注：指定页码的操作由页码导航确定）。

```
if(isset($_GET["page"]))//如果指定访问页码，则当前页为参数设定的页码
{
 $cur_page = $_GET["page"]; //由参数获得当前页
}
else
{
 $cur_page = 1;//如果没有指定访问页码，则当前页默认为第一页
}
```

（11）计算当前页码首条记录在结果集中的偏移量，并移动记录指针至该偏移量

```
$start_no = ($cur_page-1) * $records_per_page;        //当前页首条记录的偏移量
mysql_data_seek($result, $start_no);                 //移动指针至该偏移
```

（12）定义循环变量

定义循环变量，设定初始值，用于控制每页显示的回帖记录条数不超过$records_per_page。

```
$j = 1;//设定循环变量，控制页面的记录显示条数
```

（13）根据查询结果，结合每页显示的最大记录条数$records_per_page 循环显示结果至页面。

通过上述操作已经将结果集存放在$result 变量中，并为分页浏览做好了准备。此时，如果要将回帖信息逐条显示在前端页面，则需要逐条到结果集$result 变量中读取并显示（见图 2-21）。

```
while($row = mysql_fetch_arrat($result) and $j<= $records_per_page)
{
   echo "<tr bgcolor='".$bgcolor[mt_rand(0,4)]."'>";
   echo "<td align='center'>";
   echo "<img src='images/".mt_rand(0,9).".gif' align='center'/></td>";
   echo "<td align='left'>";
   echo "主题：$row[title]<br />";
   echo "作者：$row[author]<br />";
   echo "发表时间：$row[issueDate]<br />";
   echo "内容：$row[content]<br />";
   echo "</tr>";
    $j ++;
}
```

图2-21　循环显示回帖程序代码分析

（14）设置分页导航

1）显示“上一页”链接。

如果当前页不等于第一页，则需要显示“上一页”链接。因为分页导航的链接地址依然为显示回帖页面，所以其导航关键链接地址依然是当前页面。

```
if($cur_page != 1)
```

```
{
echo "<a href='reply_index.php?id=$id&page=" . ($cur_page - 1) ."'>上一页
</a>\t\t";
}
```

2）显示分页页码链接。

根据分页情况，分别显示链接至各页码的导航。

```
for($i=1; $i <= $pages; $i++)
{
    if($i == $cur_page) //当前页码，不显示超链接
    {
      echo $i ."\t\t";
    }
    else         //非当前页码，显示超链接
    {
    echo "<a href='reply_index.php?id=$id&page=$i'>$i</a>\t\t";
}
}
```

3）显示“下一页”链接。

如果当前页不等于最后一页即分页总页数时，则需要显示“下一页”链接。因为分页导航的链接地址依然为显示回帖页面，所以其导航关键链接地址依然是当前页面。

```
if($cur_page != $pages)
{
echo "<a href='reply_index.php?id=$id&page=" . ($cur_page + 1) ."'>下一页
</a>\t\t";
}
```

（15）显示回帖功能的代码整合

根据前述基础知识，整理各步骤的关键代码，完成显示回帖功能，见表 2-9。

表 2-9　显示回帖功能代码

文件名	reply_list.php

实现代码	<pre><?php
	    include_once("dbtools.inc.php");
	    $id = $_GET["id"];
	    $bgcolor[0]="#CC66FF";
	    $bgcolor[1]="#FFCAEE";
	    $bgcolor[2]="#FFFFCC";
	    $bgcolor[3]="#B9EEB9";
	    $bgcolor[4]="#B9E9FF";
	    $records_per_page = 3;//每页显示的记录条数</pre>

（续）

文件名	reply_list.php

实现代码	$sql = "select * from reply_message where message_id=$id order by issueDate desc";
	$result = mysql_query($sql, $con);
	$count = mysql_num_rows($result);//获取记录条数
	$pages = ceil($count/$records_per_page);//计算分页总数
	if(isset($_GET["page"]))//如果指定访问页码，则当前页为参数设定的页码
	{
	$cur_page = $_GET["page"]; //由参数获得当前页
	}
	else
	{
	$cur_page = 1;//如果没有指定访问页码，则当前页默认为第一页
	}
	$start_no = ($cur_page-1) * $records_per_page; //当前页首条记录的偏移量
	mysql_data_seek($result, $start_no); //移动指针至该偏移量
	$j = 1;//设定循环变量，控制页面的记录显示条数
	while($row = mysql_fetch_array($result) and $j<= $records_per_page)
	{
	echo "<tr bgcolor='" . $bgcolor[mt_rand(0,4)] . "'>" ;
	echo "<td align='center'><img src = 'images/" . mt_rand(0,9) . ".gif' align='center' width = 100 /></td>";
	echo "<td align='left'>";
	echo "主题：$row[title]
	";
	echo "作者：$row[author]
	";
	echo "发表时间：$row[issueDate]
	";
	echo "内容：$row[content]
	";
	echo "</tr>";
	$j ++;
	}
	echo "<tr><td colspan=2 align='center'>";
	if($cur_page != 1)
	{
	echo "<a href='reply_index.php?id=$id&page=" . ($cur_page - 1) ."'>上一页</a>\t\t";
	}
	for($i=1; $i <= $pages; $i++)
	{
	if($i == $cur_page) //当前页码，不显示超链接
	{
	echo $i ."\t\t";
	}
	else //非当前页码，显示超链接
	{
	echo "<a href='reply_index.php?id=$id&page=$i'>$i</a>\t\t";
	}
	}
	if($cur_page != $pages)
	{
	echo "<a href='reply_index.php?id=$id&page=" . ($cur_page + 1) ."'>下一页</a>\t\t";
	}
	echo "</td></tr>";
	?>

讨论组功能整合

对于前述完成的任务，功能相对零散。通常情况下，需要将该类功能重新进行整合，才可以更好地满足用户需求，从而提高用户的操作体验。例如，将添加主题与显示主题功能增加网站的 Logo 及版权信息后整合成 index.php 页面；将回复主题与显示回帖功能增加网站的 Logo 及版权信息后整合成 reply_index.php 页面（见图 2-22 和图 2-23）。

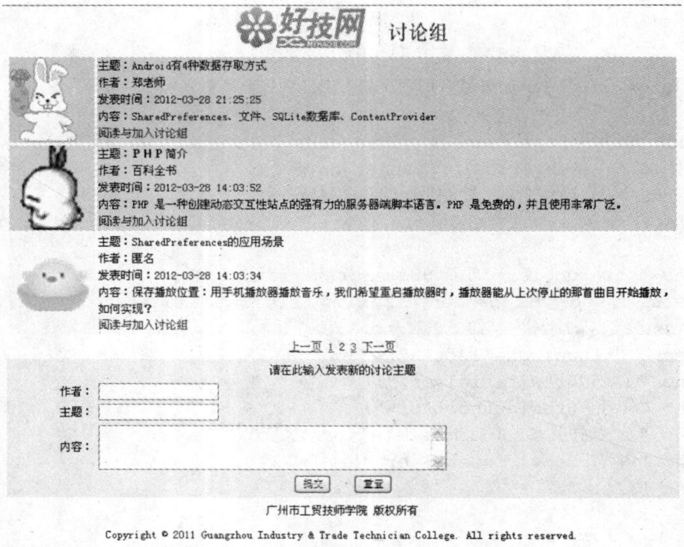

图2-22 index.php页面

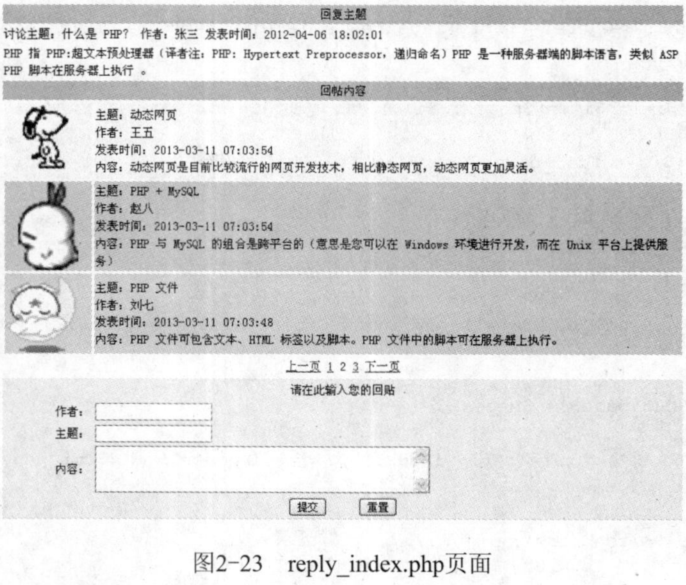

图2-23 reply_index.php页面

为了增强显示回帖信息主页的用户体验，通常需要在该页增加当前讨论主题的详细信息。请充分发挥创意，完成在回帖页面显示讨论主题的功能。

活动评价

活动3考核评价表

评价内容	指标	评价项目	评价方式			综合评价
			自评	组评	师评	
			0.2	0.3	0.5	
专业能力 (60分)	知识 技能	实施准备				
		搭建站点				
		数据库开发				
		讨论组功能实现				
		讨论组功能整合				
社会能力 (30分)	情感 态度	出勤、纪律				
		学习态度				
	团队 合作	讨论、互动				
		协作精神				
	沟通 能力	语言表达				
		沟通领会				
方法能力 (10分)	方法 能力	学习能力				
		收集和处理信息的能力				
		创新精神				
合　　计						
学生对活动的 综合评价						
教师对活动的 综合评价						

活动4　讨论组功能测试

学习目标

1）能够正确运用软件测试的常用概念。

2）能够完成讨论组功能的测试。

3）能够及时记录测试结果，并对出错信息进行调试、修正。

知识准备

确认测试的任务是检查软件的功能、性能和其他特征是否与用户需求一致，通常采用黑盒测试方法。在确认测试时，如果一个软件是专门针对单一的客户定制使用，那么直接由该客户实验确认测试即可，如学校的学生管理系统、人事管理系统等。但是，对于那些被大多数客户使用的软件，就不可能由每个客户进行确认测试，而是由软件生产商采用α测试和β测试方法来完成确认测试，如即时聊天软件等。

请通过查阅资料，完成以下任务。

1）通过提炼总结，写出你所理解的“α测试方法”的含义。

α测试方法：____

____

____

____

2）通过提炼总结，写出你所理解的“β测试方法”的含义。

β测试方法：____

____

____

____

____

3）结合身边事物，分别举例说明采用α测试方法和β测试方法的应用场景。

____

____

____

____

学习过程

请根据讨论组的功能划分，完成单元测试及集成测试，并填写测试结果，见表2-10。

表 2-10　讨论组功能测试结果

功能模块	测试结果	存在问题	解决方法
Logo 显示	□完全实现 □基本实现 □未实现		
访问数据库文件	□完全实现 □基本实现 □未实现		
分页显示主题	□完全实现 □基本实现 □未实现		
发表主题	□完全实现 □基本实现 □未实现		
分页显示回帖	□完全实现 □基本实现 □未实现		
回复主题	□完全实现 □基本实现 □未实现		
版权信息	□完全实现 □基本实现 □未实现		
index.php 页面	□完全实现 □基本实现 □未实现		
reply_index.php 页面	□完全实现 □基本实现 □未实现		

活动评价

活动 4 考核评价表

评价内容	指标	评价项目	评价方式			综合评价
			自评	组评	师评	
			0.2	0.3	0.5	
专业能力 (60 分)	知识 技能	知识准备				
		单元测试				
		集成测试				
社会能力 (30 分)	情感 态度	出勤、纪律				
		学习态度				

（续）

<table>
<tr><th rowspan="3">评价内容</th><th rowspan="3">指标</th><th rowspan="3">评价项目</th><th colspan="3">评价方式</th><th rowspan="3">综合评价</th></tr>
<tr><th>自评</th><th>组评</th><th>师评</th></tr>
<tr><th>0.2</th><th>0.3</th><th>0.5</th></tr>
<tr><td rowspan="4">社会能力
（30 分）</td><td rowspan="2">团队
合作</td><td>讨论、互动</td><td></td><td></td><td></td><td></td></tr>
<tr><td>协作精神</td><td></td><td></td><td></td><td></td></tr>
<tr><td rowspan="2">沟通
能力</td><td>语言表达</td><td></td><td></td><td></td><td></td></tr>
<tr><td>沟通领会</td><td></td><td></td><td></td><td></td></tr>
<tr><td rowspan="3">方法能力
（10 分）</td><td rowspan="3">方法
能力</td><td>学习能力</td><td></td><td></td><td></td><td></td></tr>
<tr><td>收集和处理信息的能力</td><td></td><td></td><td></td><td></td></tr>
<tr><td>创新精神</td><td></td><td></td><td></td><td></td></tr>
<tr><td colspan="3">合　　计</td><td></td><td></td><td></td><td></td></tr>
<tr><td colspan="2">学生对活动的
综合评价</td><td colspan="5"></td></tr>
<tr><td colspan="2">教师对活动的
综合评价</td><td colspan="5"></td></tr>
</table>

活动 5　讨论组功能验收

学习目标

1）能够正确打包讨论组项目。

2）能够编制简单的技术报告。

知识准备

作为项目的主要技术骨干，经常需要编制各种技术报告。这类技术报告是一个总结经验、共享技术研究成果、体现技术创新能力的有效手段。编制技术报告的主要目的是对项目开发过程中的技术研究作总结性的汇报，通常包括的内容如下。

1）前言：对该文档进行概括性描述，说明该文档的编写目的、项目背景，并且对其中所使用的专业术语建立专门的词汇解释表等。

2）本项目解决的技术问题：主要针对该项目中解决的技术问题进行描述。

3）本系统的主要功能描述：主要对本项目的主要功能进行概括性描述。

4）在本项目研发过程中遇到的技术问题和解决方法：这是技术报告中最重要的一部分，也是最有价值的一部分。在本环节中，应该着重描述技术问题的现象、影响、发生环境等，并进行充分分析，给出完善的解决问题的思路。

5）本系统目前达到的水平、现状、存在的问题及解决方案：总结性地评价本系统目前达到的水平，并对该系统的现状进行分析，指出存在的问题以及预期的解决方案等。

6）项目总结：总结前述 5 点，作出客观的总结性描述，以便读者能够更好地了解项目的总体情况。

由于技术报告的特殊性，对于编制人员的要求也比较高。编制人员除需具备较强的语言文字表达能力外，还需具备较高的专业技术水平，能够在较高的层面了解与把握项目开发过程中的技术问题。

学习过程

打包项目

对于已经开发完成的讨论组功能，需要进一步整理代码、数据库结构、图片等内容，以备代码移植或发布网站使用。请按照以下思路，正确打包讨论组项目。

1. 整理代码

将开发成果通过站点管理进行整理，删除其中的多余页面或内容。

2. 导出数据库结构

在进行项目打包的同时，将该项目对应的数据库结构同步打包，并保存至站点根目录文件夹中。

3. 打包提交

以项目名称+开发团队的名称命名，将讨论组功能的全部过程文件及代码压缩，如“讨论组功能——精英软件开发工作室.rar”，提交至教师指定的服务器目录。

编制技术报告

经过开发讨论组功能，深入学习 PHP、MySQL、JavaScript 以及 CSS 等知识，对于动态网页开发有了进一步的认识。填写讨论组功能的技术报告，内容包括：①前言；②本项目解决的技术问题；③本系统的主要功能描述；④在本项目研发过程中遇到的技术问题和解决方法；⑤本系统目前达到的水平、现状、存在的问题及解决方案；⑥项目总结等。

活动评价

活动五 5 考核评价表

<table>
<tr><th rowspan="3">评价内容</th><th rowspan="3">指标</th><th rowspan="3">评价项目</th><th colspan="3">评价方式</th><th rowspan="3">综合评价</th></tr>
<tr><th>自评</th><th>组评</th><th>师评</th></tr>
<tr><th>0.2</th><th>0.3</th><th>0.5</th></tr>
<tr><td rowspan="3">专业能力
(60 分)</td><td rowspan="3">知识
技能</td><td>整理代码</td><td></td><td></td><td></td><td rowspan="3"></td></tr>
<tr><td>项目打包与提交</td><td></td><td></td><td></td></tr>
<tr><td>任务总结</td><td></td><td></td><td></td></tr>
<tr><td rowspan="6">社会能力
(30 分)</td><td rowspan="2">情感
态度</td><td>出勤、纪律</td><td></td><td></td><td></td><td rowspan="6"></td></tr>
<tr><td>学习态度</td><td></td><td></td><td></td></tr>
<tr><td rowspan="2">团队
合作</td><td>讨论、互动</td><td></td><td></td><td></td></tr>
<tr><td>协作精神</td><td></td><td></td><td></td></tr>
<tr><td rowspan="2">沟通
能力</td><td>语言表达</td><td></td><td></td><td></td></tr>
<tr><td>沟通领会</td><td></td><td></td><td></td></tr>
<tr><td rowspan="3">方法能力
(10 分)</td><td rowspan="3">方法
能力</td><td>学习能力</td><td></td><td></td><td></td><td rowspan="4"></td></tr>
<tr><td>收集和处理信息的能力</td><td></td><td></td><td></td></tr>
<tr><td>创新精神</td><td></td><td></td><td></td></tr>
<tr><td colspan="3">合　计</td><td></td><td></td><td></td></tr>
<tr><td colspan="2">学生对活动的
综合评价</td><td colspan="5"></td></tr>
<tr><td colspan="2">教师对活动的
综合评价</td><td colspan="5"></td></tr>
</table>

任务3　会员管理功能开发

学习目标

1）掌握 UML（Unified Modeling Language，统一建模语言）用例图的绘制技巧，并能够绘制会员管理功能的用例图。

2）掌握 SQL 更新数据与删除数据的语法格式，能够根据情境编制正确的更新数据与删除数据的 SQL 语句。

3）掌握 PHP 的会话管理功能，包括 Session 及 Cookie 的异同，掌握设置与删除 Session 及 Cookie 的方法。

4）能够灵活运用 PHP 及 MySQL 的相关知识，解决会员管理功能开发过程中的实际问题，完成会员注册、会员登录、修改会员信息、删除会员信息、退出登录等功能。

建议学时：56 学时。

任务情境描述

某校办企业为了满足越来越多的用户进行信息反馈与业务咨询的需求，更好地推广企业产品，树立品牌文化，优化客户关系，由市场部提出在原门户网站的基础上开发会员管理功能，对公司会员进行分类管理。

IT 部门在接到开发任务后，经过讨论研究，初步确定使用 PHP+MySQL 作为开发语言，以便快速响应业务需求；确定软件工程师小张为会员管理功能的开发人员，全程负责会员管理功能的开发与实施工作。

软件工程师小张接到开发任务后，根据需求规格说明书及概要设计说明书，分析任务实施过程中用到的技术，设计界面原型提交用户审核。审核通过后，小张对会员管理功能所需要的资源进行准备，包括 XAMPP 开发环境、PHP 帮助手册、MySQL 帮助手册、DIV+CSS 帮助手册等，并对会员管理功能进行了详细的设计工作，包括代码结构设计与数据库逻辑结构设计，并提交项目经理审核。

项目经理审核无误后，由小张根据确认结果进行项目开发工作。小张在开发实施前期，主动查询会员管理功能涉及的知识与技术，包括 DIV+CSS 页面布局知识、数据库基础知识、PHP 基础知识、流程控制、PHP 会话管理等内容。

当小张对 PHP+MySQL 开发会员管理模块有充分认识之后，便展开会员管理模块的代码编写工作，步骤如下：①利用 phpMyAdmin 创建数据库 member 与数据表 users。②使用

Dreamweaver 完成代码的结构设计工作,包括创建站点、图像文件夹 images、样式表文件 style.css 与数据库进行连接的文件 dbtools.inc.php。③完成前台界面设计工作，包括页面美化工作。④根据代码结构完成会员注册、会员登录、会员信息查询、会员信息修改、会员信息删除功能。⑤对代码进行单元测试和集成测试。

小张完成会员管理功能的开发任务后，提交测试人员进行黑盒测试，并提交程序文件至系统管理员处，完成网站功能模块与企业网站功能的资源整合。由测试人员出具测试报告，对用户进行网站功能的使用方法培训，系统进入试运行阶段，并收集用户的试用情况反馈，及时对功能模块进行完善。

试运行结束后，IT 部和市场部组织项目验收工作，并正式移交会员管理功能模块至系统管理员处，结束会员管理功能模块的全部开发与实施工作。网站功能正式上线，进入功能模块的维护阶段。

任务流程与活动

会员管理功能的任务流程与活动如下。

1）需求调研分析。

2）会员管理功能设计。

3）会员管理功能实现。

4）会员管理功能测试。

5）会员管理功能验收。

任务准备

UML 是一种面向对象的建模语言。它的主要作用是帮助用户对软件系统进行面向对象的描述，通过建模将用户的业务需求映射为代码，保证代码满足这些需求，并能方便地回溯需求。它可以描述一个软件开发从需求分析到实现和测试的全过程。UML 提供了各种图形，例如，用例图、类图、顺序图、状态图等，供人们更加清楚地理解模型。目前，较为流行的 UML 建模工具包括 Microsoft Office Visio、Rational Rose 等。

活动 1　需求调研分析

学习目标

通过情景模拟的方式与客户沟通交流，并掌握以下技能。

1）能够描述会员管理功能的业务用户、系统名称。

2）能够描述会员管理功能的总体需求与功能需求。

3）能够使用 Microsoft Office 软件绘制会员管理功能的基本框图。

4）能够使用 Microsoft Office 软件绘制会员管理功能的用例图。

5）能够整理需求调研结果，转化为用户需求说明书。

知识准备

用例图

UML 中的用例图描述了一组用例、参与者以及它们之间的关系，因此，用例图包含用例（Use Case）、参与者（Actor）以及参与者之间的关系，如泛化关系、包含关系、扩展关系等（见图 3-1）。

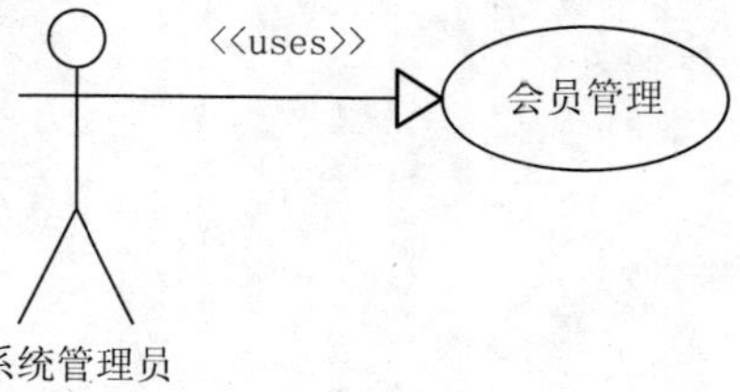

图3-1　用例图

学习过程

信息收集

通过 Chinaren 校友录、大家论坛、天涯社区等网络应用，结合学院的校园网首页、学生管理系统等，认识会员管理系统及其相似功能，为后续会员管理功能的需求分析、系统设计与功能实现作准备。

在通常情况下，会员管理系统分为普通用户和系统管理员等至少两类用户身份或角色。普通用户可以使用会员管理系统的相关功能，系统管理员主要对系统及会员信息进行增、删、改、查等。

1）请以学院的学生管理系统为载体，描述普通用户，即学生拥有的主要功能。

2）请以学院的学生管理系统为载体，描述班主任（此处可理解为班级管理员）拥有的主要功能。

总体需求

请仔细阅读任务情境描述，认真梳理用户的会员管理功能，回答以下问题。

1）会员管理功能的开发背景是什么？

2）会员管理功能要解决的问题是什么？

3）会员管理功能的业务用户是谁？是学生、教师、好友、游客、陌生人还是其他人？

功能需求

“好技网”会员管理功能至少需要包含会员注册、会员登录、修改会员信息、删除会员信息和退出登录等业务功能，请参考“好技网”会员管理系统界面原型、广州市工贸技师学院校园网等网站的相似功能，回答以下调研提纲问题。

1）会员管理功能的用户身份或角色包括哪些？如何设置管理员及其登录账号？

2）通过观察口述会员注册的业务功能，提炼并填写实现会员注册功能时需要用户输入或重点关注的信息。

3）在会员注册功能中，如果所有信息项均不填写，那么能否注册成功？如果注册不成功，则会出现什么现象？

4）通过观察口述会员登录的业务功能，提炼并填写实现会员登录功能时需要用户输入的关键信息项。

5）在会员登录功能中，如果登录失败，则界面会出现什么现象？如果登录成功，则会出现什么现象？

6）通过观察口述会员自己操作修改会员信息的业务功能，指出该功能的操作细节。

7）会员自己操作修改会员信息功能的界面入口如何处理？会员的哪些原信息将予以显示？哪些信息项可以修改？哪些信息项不可以修改？

8）通过观察口述会员自己操作删除会员信息的业务功能，描述删除会员信息功能的操作流程。

9）通过观察口述会员退出登录功能，描述退出登录功能的操作流程以及各相关页面的权限变化。

10）在通常情况下，为了将系统的前台应用和后台管理分开，需要单独实现管理员的系统管理功能，如管理员登录、修改会员信息和删除会员信息。对于本系统，将如何规划该类功能？

11）根据调研结果，使用 Microsoft Office 软件绘制会员管理功能的程序功能图，并填写绘制结果（见图 3-2）。

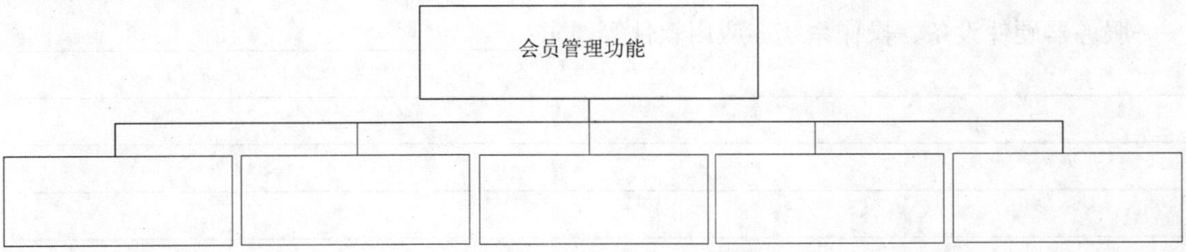

图3-2　会员管理功能的程序功能图

12）根据调研结果，使用 Microsoft Office 软件结合会员管理功能的用户角色，绘制会员管理功能的用例图，并填写绘制结果。

非功能需求

1）在性能方面，会员管理功能是否有特殊需求，如服务器存储容量的限制以及程序响应速度等。

____

____

____

____

____

2）在环境需求方面，对会员管理功能运行的服务器设备及客户端设备有何要求？

服务器硬件设备、操作系统、应用软件等要求：______________________

____

____

____

____

____

客户端硬件设备、操作系统、应用软件等要求：______________________

____

____

3）在界面需求方面，用户对于会员管理功能界面是否有特殊要求，如界面风格、字体显示、字形、字号、界面主色调等。

4）在用户特点方面，系统用户对计算机的操作熟练程度如何？

5）在项目开发进度及成本需求等方面，会员管理功能上线是否有规定的时间表？软、硬件投资成本是否有限制？

6）客户对于会员管理功能的使用是否有其他特殊的非功能需求？

活动评价

活动 1 考核评价表

<table>
<tr><th rowspan="3">评价内容</th><th rowspan="3">指标</th><th rowspan="3">评价项目</th><th colspan="3">评价方式</th><th rowspan="3">综合评价</th></tr>
<tr><th>自评</th><th>组评</th><th>师评</th></tr>
<tr><th>0.2</th><th>0.3</th><th>0.5</th></tr>
<tr><td rowspan="4">专业能力
(60 分)</td><td rowspan="4">知识
技能</td><td>信息收集</td><td rowspan="4"></td><td rowspan="4"></td><td rowspan="4"></td><td rowspan="4"></td></tr>
<tr><td>总体需求</td></tr>
<tr><td>功能需求</td></tr>
<tr><td>非功能需求</td></tr>
<tr><td rowspan="6">社会能力
(30 分)</td><td rowspan="2">情感
态度</td><td>出勤、纪律</td><td rowspan="6"></td><td rowspan="6"></td><td rowspan="6"></td><td rowspan="6"></td></tr>
<tr><td>学习态度</td></tr>
<tr><td rowspan="2">团队
合作</td><td>讨论、互动</td></tr>
<tr><td>协作精神</td></tr>
<tr><td rowspan="2">沟通
能力</td><td>语言表达</td></tr>
<tr><td>沟通领会</td></tr>
<tr><td rowspan="3">方法能力
(10 分)</td><td rowspan="3">方法
能力</td><td>学习能力</td><td rowspan="3"></td><td rowspan="3"></td><td rowspan="3"></td><td rowspan="3"></td></tr>
<tr><td>收集和处理信息的能力</td></tr>
<tr><td>创新精神</td></tr>
<tr><td colspan="3">合　　计</td><td></td><td></td><td></td><td></td></tr>
<tr><td colspan="2">学生对活动的
综合评价</td><td colspan="5"></td></tr>
<tr><td colspan="2">教师对活动的
综合评价</td><td colspan="5"></td></tr>
</table>

活动 2　会员管理功能设计

学习目标

1）能够根据需求调研分析结果绘制出满足客户需求的界面原型。

2）能够根据客户描述，结合会员管理功能的广泛应用，确定会员管理功能的数据库结构。

3）能够根据需求调研分析结果确定会员管理功能的程序代码结构。

知识准备

在软件开发中，无论操作系统还是留言板系统、会员管理系统等，均需要根据用户的角色来分配不同的数据浏览或管理数据的权限，权限的范围涵盖数据的增加、修改、删除和查询等方面。

每个软件都应该有最基本的权限，如系统管理员具有对任意数据进行增加、修改、删除和查询等操作的权限，对资源有任意浏览的权限；而普通用户只能浏览部分开放的资源，或只能增加、修改、删除和查询自身的数据。

结合会员管理功能的需求分析，描述会员和管理员各自应该具备的资源、权限或功能模块。

会员：____

____

____

管理员：____

____

____

学习过程

通过查询与搜集资料完成以下任务。

1）通过对会员管理功能的需求调研分析，结合网络常见的会员管理功能，绘制符合会员使用需求的界面原型。

2）通过对会员管理功能的需求调研分析，结合网络常见的会员管理功能，绘制符合管理员管理系统需求的界面原型。

3）通过对会员管理功能的调研分析，设计出符合需求的数据结构，填写采集数据项及其属性，见表3-1。

表3-1　会员管理功能的数据结构

数据表					
信息项	数据类型	允许最大长度	是否唯一	是否允许空	备注
	□字母或数字 □数字 □日期		□是 □否	□是 □否	
	□字母或数字 □数字 □日期		□是 □否	□是 □否	
	□字母或数字 □数字 □日期		□是 □否	□是 □否	
	□字母或数字 □数字 □日期		□是 □否	□是 □否	
	□字母或数字 □数字 □日期		□是 □否	□是 □否	
	□字母或数字 □数字 □日期		□是 □否	□是 □否	
	□字母或数字 □数字 □日期		□是 □否	□是 □否	
	□字母或数字 □数字 □日期		□是 □否	□是 □否	
	□字母或数字 □数字 □日期		□是 □否	□是 □否	

（续）

数据表					
信息项	数据类型	允许 最大长度	是否 唯一	是否 允许空	备注
	□字母或数字 □数字 □日期		□是 □否	□是 □否	
	□字母或数字 □数字 □日期		□是 □否	□是 □否	
	□字母或数字 □数字 □日期		□是 □否	□是 □否	
	□字母或数字 □数字 □日期		□是 □否	□是 □否	
	□字母或数字 □数字 □日期		□是 □否	□是 □否	
	□字母或数字 □数字 □日期		□是 □否	□是 □否	
	□字母或数字 □数字 □日期		□是 □否	□是 □否	

根据以上思路，完成会员管理功能的数据库物理结构设计，见表 3-2。

表 3-2　会员管理功能的数据库物理结构设计

数据库名称					
数据表名称					
字段名称	数据类型	允许 最大长度	是否 唯一	是否 允许空	备注

活动评价

活动2考核评价表

<table>
<tr><th rowspan="3">评价内容</th><th rowspan="3">指标</th><th rowspan="3">评价项目</th><th colspan="3">评价方式</th><th rowspan="3">综合评价</th></tr>
<tr><th>自评</th><th>组评</th><th>师评</th></tr>
<tr><th>0.2</th><th>0.3</th><th>0.5</th></tr>
<tr><td rowspan="3">专业能力
(60分)</td><td rowspan="3">知识
技能</td><td>信息收集</td><td rowspan="3"></td><td rowspan="3"></td><td rowspan="3"></td><td rowspan="3"></td></tr>
<tr><td>界面设计</td></tr>
<tr><td>数据结构设计</td></tr>
<tr><td rowspan="6">社会能力
(30分)</td><td rowspan="2">情感
态度</td><td>出勤、纪律</td><td rowspan="6"></td><td rowspan="6"></td><td rowspan="6"></td><td rowspan="6"></td></tr>
<tr><td>学习态度</td></tr>
<tr><td rowspan="2">团队
合作</td><td>讨论、互动</td></tr>
<tr><td>协作精神</td></tr>
<tr><td rowspan="2">沟通
能力</td><td>语言表达</td></tr>
<tr><td>沟通领会</td></tr>
<tr><td rowspan="3">方法能力
(10分)</td><td rowspan="3">方法
能力</td><td>学习能力</td><td rowspan="3"></td><td rowspan="3"></td><td rowspan="3"></td><td rowspan="3"></td></tr>
<tr><td>收集和处理信息的能力</td></tr>
<tr><td>创新精神</td></tr>
<tr><td colspan="3">合　计</td><td></td><td></td><td></td><td></td></tr>
<tr><td colspan="2">学生对活动的
综合评价</td><td colspan="5"></td></tr>
<tr><td colspan="2">教师对活动的
综合评价</td><td colspan="5"></td></tr>
</table>

活动3　会员管理功能实现

学习目标

1）能使用 PHP 的流程控制功能，包括 if…else…条件控制语句、while 循环语句完成页面的跳转与控制功能。

2）能运用 MySQL 基础知识，完成用户注册与用户登录功能。

3）能够使用 JavaScript 的内置函数完成退出登录或删除会员信息前的确认功能。

4）能描述 Cookie 与 Session 会话管理功能的异同，并能够应用各自的方法实现设置与删除会话的功能。

5）能运用设置 Cookie 的方法实现用户登录功能；使用删除 Cookie 的方法实现退出用户登录功能。

6）能综合运用前述知识点整合系统功能，从而实现功能相对完整的会员管理系统。

知识准备

PHP 会话管理功能

会话管理是在人机交互过程中保持用户的整个会话活动的互动与计算机系统的跟踪过程。会话管理分为桌面会话管理、浏览器会话管理、Web 服务器的会话管理。在 PHP 中，主要通过 Session 和 Cookie 来实现会话管理的功能。会话管理最普遍的应用场合为系统的单点登录，即登录一次处处有效。

1. Cookie

Cookie 是浏览用户访问某些网站时，Web 服务器在客户端写入的一些文件，即 Cookie 是存放在客户端的内存或磁盘中的临时文件。Cookie 可以记录浏览用户的个人信息，例如，何时曾访问该网站、从事过哪些活动、购物车内有哪些商品等。这样，当浏览用户再次访问该网站时，只要查询客户端的 Cookie 记录就可以读取该用户访问该网站的历史记录。Cookie 的优缺点，见表 3-3 所示。

表 3-3　Cookie 的优缺点

序号	优　点	缺　点
1	Cookie 默认的生命周期起始于浏览器开始运行时，结束于浏览器终止运行时，此时的 Cookie 是存放在客户端的内存，但用户可以自行设置 Cookie 的生命周期（通常是以 s 为单位），将它写入客户端的磁盘，这样就不必担心 Cookie 自动消失而遗漏了某些信息	如果遇到不支持 Cookie 的浏览器，或浏览用户禁止 Web 服务器在客户端写入 Cookie，那么 Cookie 就没有作用了，此时必须设法改用其他方式
2	Cookie 存放在客户端的内存或磁盘，不会占用 Web 服务器的资源	Cookie 存放在客户端可能会被浏览用户删除或拒绝写入
3	Cookie 可以记录浏览用户的个人信息，这样，网站的制作者就可以根据 Cookie 记录的信息，设计出独具个人风格的网页或消息	Cookie 可能会造成安全上的威胁，导致个人信息被窃取

2．Session

Session 的用途也是记录客户端的信息，但不同于 Cookie 技术。Session 是存放于服务器端内存的，而且每个客户端都有各自的 Session。假设目前有 5 位浏览用户登录到网站，那么这 5 位浏览用户均拥有各自的 Session，可以通过 Session 来记录每位浏览用户的个人信息，例如，姓名、访问次数、订购的商品、送货地址、持卡信息、累计的游戏点数、持有的宝物等。

Session 默认的生命周期起始于浏览器开始运行时，结束于浏览器终止运行时，此时的 Session 是存放在服务器端的内存，但用户可以自行设置 Session 的生命周期（通常以 s 为单位），将它写入服务器端的磁盘，这样就不必担心 Session 自动消失而遗漏了某些信息。

JavaScript 内置函数

JavaScript 的内置函数不从属于任何对象，在 JavaScript 语句的任何地方都可以使用这些函数。JavaScript 共提供了 5 类内置函数用于实现常用的基础功能，包括常规函数、数组函数、日期函数、数学函数和字符串函数，见表 3-4。

表 3-4　JavaScript 内置函数

函数分类	函 数 名	说　明
常规函数	alert 函数	显示一个警告对话框，包括一个“OK”按钮
	confirm 函数	显示一个确认对话框，包括“OK”“Cancel”按钮
	escape 函数	将字符转换成 Unicode 码
	eval 函数	计算表达式的结果
	isNaN 函数	返回一个 Boolean 值，用于测试参数是否为数字。如果是非数字，则返回 true，否则返回 false
	parseFloat 函数	将字符串转换成浮点数字形式
	parseInt 函数	将字符串转换成整数数字形式(可指定进制)
	prompt 函数	显示一个输入对话框，提示等待用户输入
	unescape 函数	解码由 escape 函数编码的字符
数组函数	join 函数	转换并连接数组中的所有元素为一个字符串
	length 函数	返回数组的长度
	reverse 函数	将数组元素顺序颠倒
	sort 函数	将数组元素重新排序
日期函数	getDate 函数	返回日期的“日”部分，值为 1～31
	getDay 函数	返回星期，值为 0～6，其中 0 表示星期日，1 表示星期一，依次类推 6 表示星期六
	getHours 函数	返回日期的“小时”部分，值为 0～23
	getMinutes 函数	返回日期的“分钟”部分，值为 0～59
	getMonth 函数	返回日期的“月”部分，值为 0～11。其中 0 表示 1 月，2 表示 3 月，依次类推 11 表示 12 月
	getSeconds 函数	返回日期的“秒”部分，值为 0～59
	getTime 函数	返回系统时间
	getTimezoneOffset 函数	返回此地区的时差(当地时间与 GMT 格林威治标准时间的地区时差)，单位为 min
	getYear 函数	返回日期的“年”部分。返回值以 1900 年为基数，例如，1999 年为 99

（续）

函数分类	函 数 名	说 明
日期函数	parse 函数	返回从 1970 年 1 月 1 日 0 时算起的 ms 数(当地时间)
	setDate 函数	设定日期的“日”部分，值为 0～30
	setHours 函数	设定日期的“小时”部分，值为 0～23
	setMinutes 函数	设定日期的“分钟”部分，值为 0～59
	setMonth 函数	设定日期的“月”部分，值为 0～11。其中 0 表示 1 月，依次类推 11 表示 12 月
	setSeconds 函数	设定日期的“秒”部分，值为 0～59
	setTime 函数	设定时间。时间数值为 1970 年 1 月 1 日 0 时算起的 ms 数
	setYear 函数	设定日期的“年”部分
	toGMTString 函数	转换日期成为字符串，为 GMT 格林威治标准时间
	setLocaleString 函数	转换日期成为字符串，为当地时间
	UTC 函数	返回从 1970 年 1 月 1 日 0 时算起的 ms 数，以 GMT 格林威治标准时间计算
数学函数	abs 函数	即 Math.abs(以下同)，返回一个数字的绝对值
	acos 函数	返回一个数字的反余弦值，结果为 0～π 弧度(radians)
	asin 函数	返回一个数字的反正弦值，结果为-π/2～π/2 弧度
	atan 函数	返回一个数字的反正切值，结果为-π/2～π/2 弧度
	atan2 函数	返回一个坐标的极坐标角度值
	ceil 函数	返回一个数字的最小整数值(大于或等于)
	cos 函数	返回一个数字的余弦值，结果为-1～1
	exp 函数	返回 e(自然对数)的乘方值
	floor 函数	返回一个数字的最大整数值(小于或等于)
	log 函数	自然对数函数，返回一个数字的自然对数(e)值
	max 函数	返回两个数的最大值
	min 函数	返回两个数的最小值
	pow 函数	返回一个数字的乘方值
	random 函数	返回一个 0～1 的随机数值
	round 函数	返回一个数字的四舍五入值，类型是整数
	sin 函数	返回一个数字的正弦值，结果为-1～1
	sqrt 函数	返回一个数字的平方根值
	tan 函数	返回一个数字的正切值
字符串函数	anchor 函数	产生一个链接点(anchor)以作超级链接用。anchor 函数设定<A NAME…>的链接点的名称，另一个函数 link 设定<A HREF="…" mce_HREF="…">的 URL 地址
	big 函数	将字体加到一号，与<BIG>…</BIG>标签结果相同
	blink 函数	使字符串闪烁，与<BLINK>…</BLINK>标签结果相同
	bold 函数	使字体加粗，与<B>…</B>标签结果相同
	charAt 函数	返回字符串中指定的某个字符
	fixed 函数	将字体设定为固定宽度字体，与<TT>…</TT>标签结果相同
	fontcolor 函数	设定字体颜色，与<FONT COLOR=color>标签结果相同
	fontsize 函数	设定字体大小，与<FONT SIZE=n>标签结果相同

（续）

函数分类	函 数 名	说　明
字符串函数	indexOf 函数	返回字符串中第一个查找到的下标 index，从左边开始查找
	italics 函数	使字体成为斜体字，与<I>…</I>标签结果相同
	lastIndexOf 函数	返回字符串中第一个查找到的下标 index，从右边开始查找
	length 函数	返回字符串的长度。(不用带括号)
	link 函数	产生一个超级链接，相当于设定<a herf="…" mce_HREF="……">的 URL 地址
	small 函数	将字体减小一号，与<SMALL>…</SMALL>标签结果相同
	strike 函数	在文本的中间加一条横线，与<STRIKE>…</STRIKE>标签结果相同
	sub 函数	显示字符串为下标字(subscript)
	substring 函数	返回字符串中指定的几个字符
	sup 函数	显示字符串为上标字(superscript)
	toLowerCase 函数	将字符串转换为小写
	toUpperCase 函数	将字符串转换为大写

学习过程

数据库开发

根据会员管理功能设计结果，使用 phpMyAdmin 数据库管理工具，完成数据库及数据表的搭建（见图 3-3）。

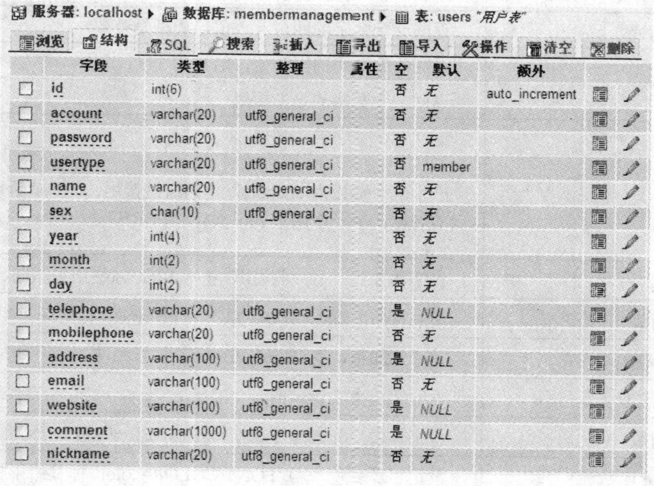

图3-3　会员管理功能数据库设计

搭建网站站点

1）使用 XAMPP 开发环境启动 Apache 和 MySQL 服务。

2）建立网站根目录，如 C:\xampp\htdocs\MemberManagement。

3）创建并管理网站站点（见图 3-4）。

图3-4　会员管理系统站点信息

4）搭建网站公共文件或目录，见表 3-5。

表 3-5　网站公共文件或目录

文件或文件夹	说　明
images 文件夹	存放图片
style.css	样式表文件，控制界面的显示效果等
dbtools.inc.php	访问数据库文件
memberLogo.php	会员中心的 Logo 文件
adminLogo.php	管理员专区的 Logo 文件
copyright.php	版权信息文件

会员管理功能开发

1. 收集素材

将所搜集与制作的会员管理系统素材图片存放在本地站点文件夹“images/”中。

2. 创建公共文件

为了保持内容的封装性与易维护性，将会员中心的 Logo 页头文件、管理员专区的 Logo 页头文件、版权信息、访问数据库文件、样式表文件等独立存放。该类公共文件均属于外部文件，将被主文件调用。因此，在创建该类文件时，需要切换到代码视图，并将由 Dreamweaver 新建文件所自动生成的 HTML 代码删除（见图 3-5）。

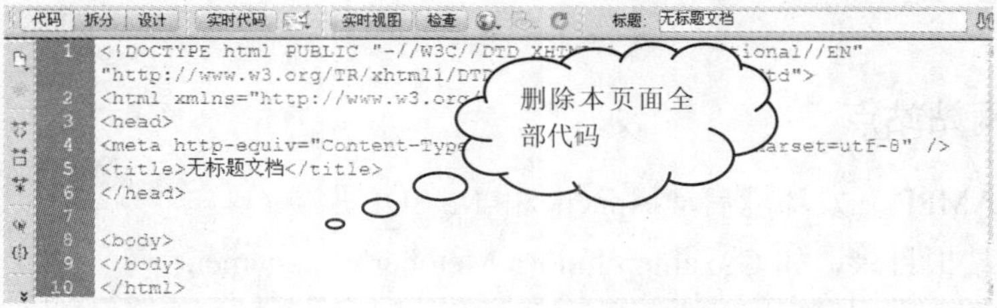

图3-5　创建公共文件

（1）memberLogo.php 页头文件

会员中心的 Logo 页头文件，使用 logo.jpg 完成 memberLogo.php 文件的创建（见图 3-6）。

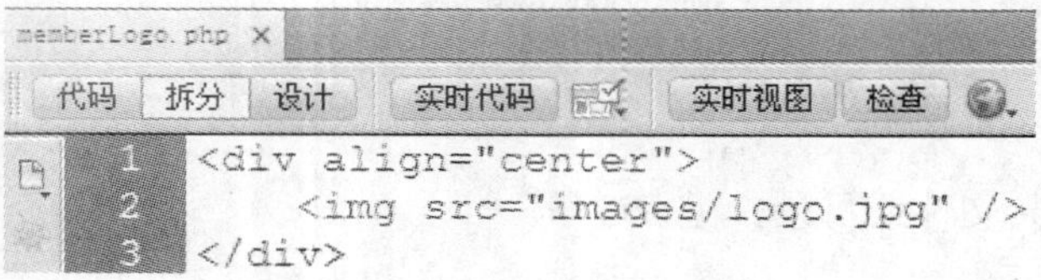

图3-6　memberLogo.php文件

（2）adminLogo.php 页头文件

管理员专区的 Logo 页头文件，使用 adminLogo.jpg 完成 adminLogo.php 文件的创建（见图 3-7）。

图3-7　adminLogo.php文件

（3）copyright.php 版权文件

使用简单的页面布局完成 copyright.php 版权文件的编制（见图 3-8）。

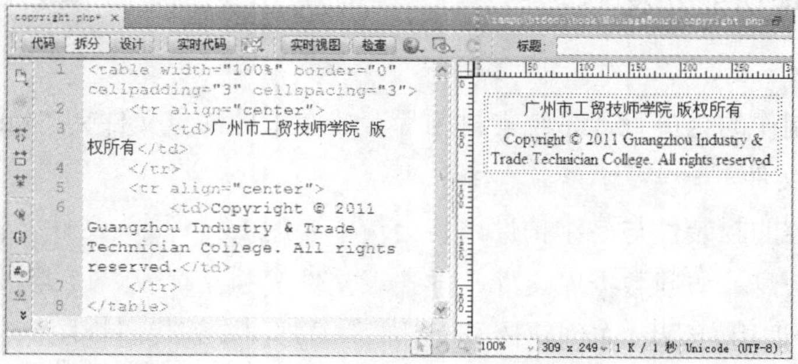

图3-8　copyright.php版权文件

（4）style.css 样式表文件在会员管理功能站点创建外部样式表 style.css，以统一管理会员管理系统项目相关功能的界面风格，如行高、字体、字形、字号、字体颜色、背景色等内容。请填写 style.css 的关键内容。

（5）dbtools.inc.php 访问数据库文件

会员管理系统的众多功能均需要通过访问数据库实现数据表的插入与查询操作。因此，需要将访问数据库的过程封装在独立的文件中，以增强程序的可读性与易维护性。请在会员管理系统站点创建访问数据库的文件 dbtools.inc.php，并根据程序注释补齐关键代码（见图 3-9）。

```
<?php
 $server="______________________";//定义数据库服务器
 $user="______________________";//定义数据库用户
 $password="______________________";//定义数据库密码
 $con="____________($server, $user, $password);//调用函数，连接数据库服
务器
if(!($con)//连接失败
{
   die("数据库连接失败！".mysql_error());
}
else//连接成功
{
 ______________________;//处理乱码方法
 ______________________;//选择数据库
}
? >
```

图3-9　dbtools.inc.php源代码

3. 会员中心

（1）实现会员注册功能

1）创建表单。

实现会员注册功能时需要创建表单，以实现将采集的用户数据插入到数据表中，从而完成与数据库服务器的数据交互。根据会员注册功能的界面设计，完成该功能的表单定义，见表 3-6。

表 3-6　会员注册表单

界面原型	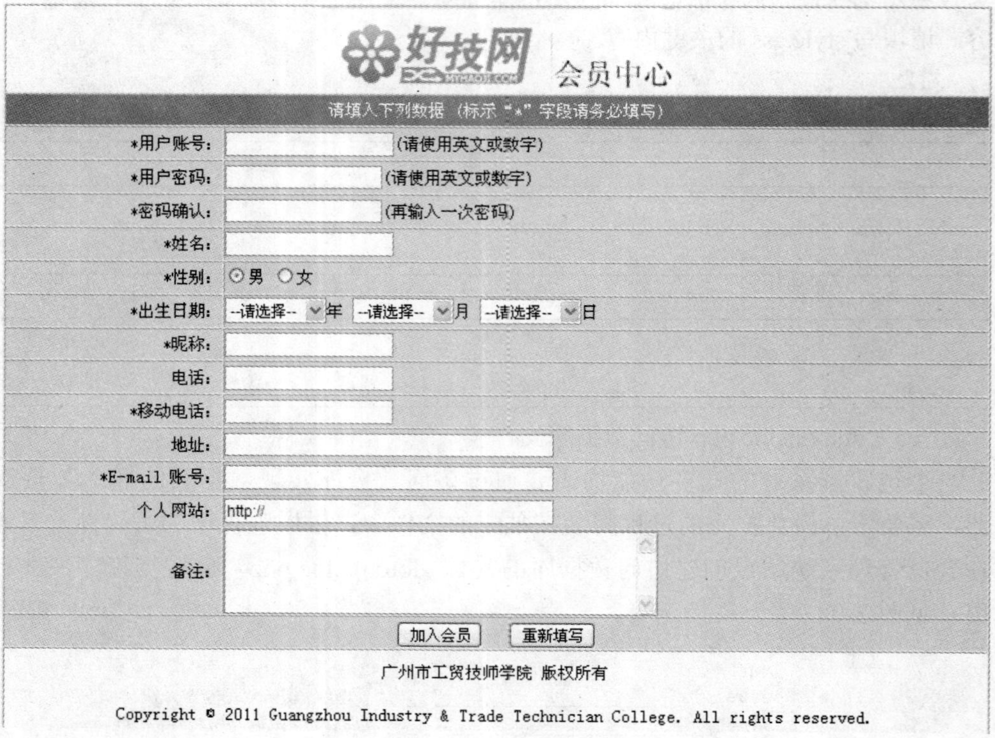
文件名	register.php
表单定义	(代码见下)

```
<form action="registerOK.php" method="post" name="myForm"
 onsubmit="return checkInfo();">
<table width="800" border="1" cellspacing="0" cellpadding="0" align="center">
   <tr bgcolor="#99FF99">
     <td align="right">*用户账号：</td>
     <td><input name="account" id="account" type="text" size="20">(请使用英文或数
字)</td>
   </tr>
   <tr bgcolor="#99FF99">
     <td align="right">*用户密码：</td>
     <td><input name="password" id="password" type="password" size="20">(请使用英文或
数字)</td>
   </tr>
   <tr bgcolor="#99FF99">
        <td align="right">*密码确认：</td>
        <td><input name="re_password" id="re_password" type="password" size="20">(再
输入一次密码)</td>
      </tr>
   <tr bgcolor="#99FF99">
        <td align="right">*姓名：</td>
        <td><input name="name" id="name" type="text" size="20"></td>
       </tr>
```

（续）

表单定义

```
<tr bgcolor="#99FF99">
    <td align="right">*性别：</td>
    <td>
      <input type="radio" name="sex" value="男" checked>男
      <input type="radio" name="sex" value="女">女
    </td>
  </tr>
  <tr bgcolor="#99FF99">
    <td align="right">*出生日期：</td>
    <td>
      <select name="year" id="year">
        <option value="">--请选择--</option>
        <option value="2000">2000</option>
        <option value="1999">1999</option>
      <!--此处请自行补齐剩余代码-->
    </select>年
    <select name="month" id="month">
        <option value="">--请选择--</option>
        <option value="1">1</option>
        <option value="2">2</option>
      <!--此处请自行补齐剩余代码-->
    </select>月
      <select name="day" id="day">
        <option value="">--请选择--</option>
        <option value="1">1</option>
        <option value="2">2</option>
        <!--此处请自行补齐剩余代码-->
    </select>日
    </td>
  </tr>
  <tr bgcolor="#99FF99">
    <td align="right">*昵称：</td>
    <td>
      <input name="nickname" id="nickname" type="text" size="20">
    </td>
  </tr>
  <tr bgcolor="#99FF99">
    <td align="right">电话：</td>
    <td><input name="telephone" id="telephone" type="text" size="20"></td>
  </tr>
  <tr bgcolor="#99FF99">
      <td align="right">*移动电话：</td>
      <td><input name="mobilephone" id="mobilephone" type="text" size="20"></td>
    </tr>
    <tr bgcolor="#99FF99">
      <td align="right">地址：</td>
      <td><input name="address" id="address" type="text" size="45"></td>
    </tr>
  <tr bgcolor="#99FF99">
      <td align="right">*E-mail 账号：</td>
      <td><input name="email" id="email" type="text" size="45"></td>
    </tr>
  <tr bgcolor="#99FF99">
      <td align="right">个人网站：</td>
```

（续）

表单定义

```
    <td><input name="website" id="website" type="text" value="http://"
size="45"></td>
</tr>
   <tr bgcolor="#99FF99">
    <td align="right">备注：</td>
    <td><textarea name="comment" id="comment" cols="45" rows="4" ></textarea></td>
   </tr>
   <tr bgcolor="#99FF99">
    <td align="center" colspan="2">
      <input type="submit" value="加入会员">
      <input type="reset" value="重新填写">
    </td>
   </tr>
</table>
</form>
```

对于出生日期等有特定数据范围的信息项，建议采用下拉列表的方式供用户选择，以增强用户体验（见图 3-10）。

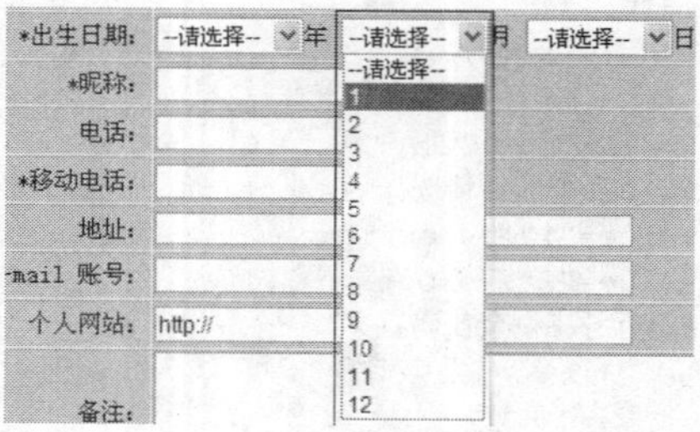

图3-10　下拉列表显示信息项

2）前台数据校验。

在通常情况下，存在以下几种前台数据校验的可能性：①用户输入信息项为空，如账号未输入；②用户输入的数据非法，如出生日期月份大于 12；③用户输入的数据格式不正确，如 E-mail 不符合格式要求等。凡是出现以上几种情况，均需要进行前台校验，并且不允许提交数据至服务器（见图 3-11 和图 3-12）。

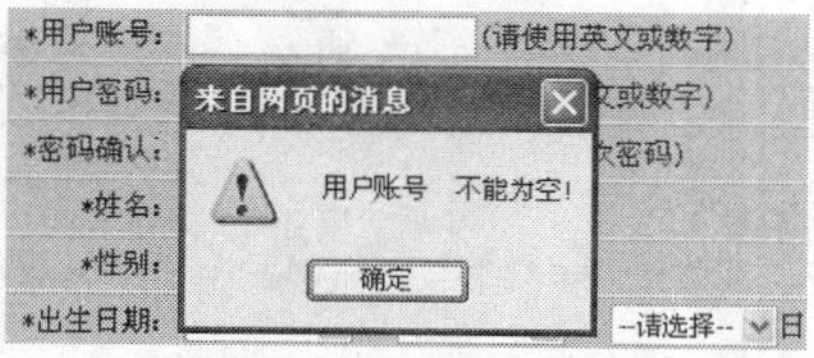

图3-11　用户输入信息项为空

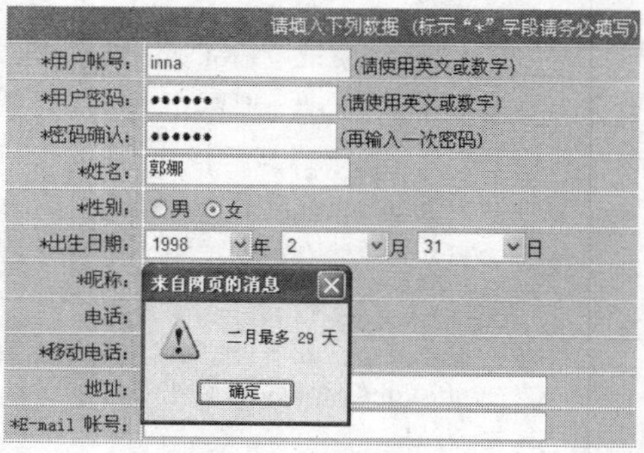

图3-12　用户输入非法数据

为了实现该类功能，需要在前端使用 JavaScript 语言编制函数实现。通过查阅资料，完成下列问题。

①根据前述知识点，结合自己的表单设置情况，修改会员注册页面代码，即 register.php 的表单，完成在单击“加入会员”按钮时调用 JavaScript 函数，实现前台数据校验功能。请补齐关键代码（见图 3-13）。

```
If(________________________________________________)
{
    alert("二月最多29天");
    document.getElementById("day"),focus();
    return false;
}
```

图3-13　会员注册前台数据校验

②参考上述示例，完成当输入的出生月份为 4 月、6 月、9 月、11 月且出生日期大于 30 时，提示 “4 月、6 月、9 月、11 月只有 30 天！”，并在下画线处补齐关键代码段。

____

____

____

____

____

____

③根据系统设计，完成会员注册功能 register.php 的完整的前台数据校验。

3）会员注册后台功能实现。

①会员注册后台功能的实现流程。会员注册后台功能即将会员的注册信息存入数据表的过程，其处理表单数据的过程代码放置在<form action=“URL”></form>的 URL 页面，如 registerOK.php 页面。

②访问数据库服务器。因为已经定义了独立的 dbtools.inc.php 页面，封装了访问数据库的前期操作，所以此处只需要包含 dbtools.inc.php 文件即可实现访问数据库的功能。包含方法为：

____

____

____

____

____

____

③获取表单元素值。在 registerOK.php 中获取会员注册页面的表单元素值，并赋给相应的变量。获取用户账号和密码的变量定义过程如下。

```
$account = $_POST["account"];
$password = $_POST["password"];
```

④检查用户账号的有效性。在通常情况下，系统的用户账号具有唯一性，即只能有一人申请并使用。因此，在会员注册信息入库前，需要对用户账号进行有效性检查。如果账号已经有人使用，则需要重新设定申请；否则，可以继续操作，以完成会员注册功能。请按照以上思路，在会员信息入库前定义并执行 SQL 条件查询语句，完成用户账号的唯一性检查。界面原型（见图 3-14），根据程序注释补齐关键代码（见图 3-15）。

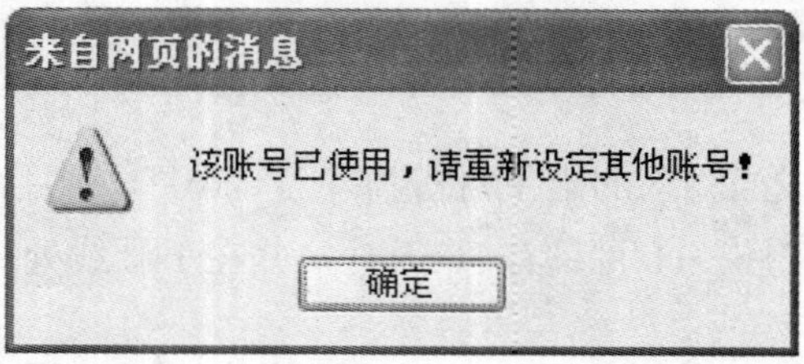

图3-14　出错信息

```
//获取窗体数据
$account_=$_POST["account"];
//定义SQL语句，检查账号是否有人申请
$sql ="________________________________________";
//执行SQL语句$result=________________________________;
//如果账号已经有人使用
if(mysql_num_rows($result)>0)
{
    //显示消息要求用户更换账号名称，并自动跳转至注册页面register.php
    ________________________________________;
    ________________________________________;
    ________________________________________;
    ________________________________________;
}
```

图3-15　用户账号唯一性检查

⑤定义会员注册的 SQL 语句。如果用户账号未使用，则可以继续完成会员注册功能，并最终将采集的会员信息保存到数据库，即插入数据到数据库。根据 SQL 插入语句的语法格式，结合获取的表单元素值，编制插入会员信息的动态 SQL 语句，并将内容赋给变量$sql。

____

____

____

⑥执行 SQL 语句，实现会员注册功能。

```
mysql_query($sql);
```

⑦会员注册功能的代码整合。根据前述基础知识，整理各步骤的关键代码，完成会员注册功能，见表 3-7。

表 3-7　会员注册功能代码

文件名	registerOK.php

关键代码	`//定义并执行 SQL 命令，新增此账号`
	`$sql = "INSERT INTO users (account, password, name, sex, nickname, year, month, day, telephone, mobilephone, address, email, website, comment)`
	`VALUES ('$account','$password','$name','$sex','$nickname', $year, $month, $day,'$telephone','$mobilephone','$address','$email','$website','$comment')";`
	`$result = mysql_query($sql, $ccn);`
	`//关闭数据连接`
	`mysql_close($con);`
	`if($result)`
	`{`
	`  echo "<script type='text/javascript'>";`
	`  echo "alert('恭喜你，注册成功！');";`
	`  echo "window.location='index.php'";`
	`  echo "</script>";`
	`}`
	`else`
	`{`
	`  echo "<script type='text/javascript'>";`
	`  echo "alert('注册失败，请重试！');";`
	`  echo "history.back();";`
	`  echo "</script>";`
	`}`

（2）实现会员登录功能

1）创建表单。

实现会员登录功能时需要创建表单，以采集用户输入的账号信息，并将该账号信息与数据库中的已有数据进行对比。如果匹配成功，则登录成功；否则，登录失败。根据会员登录功能的界面设计，完成该功能的表单定义，见表 3-8。

表 3-8　会员登录及会员中心首页表单

文 件 名	index.php
登录界面	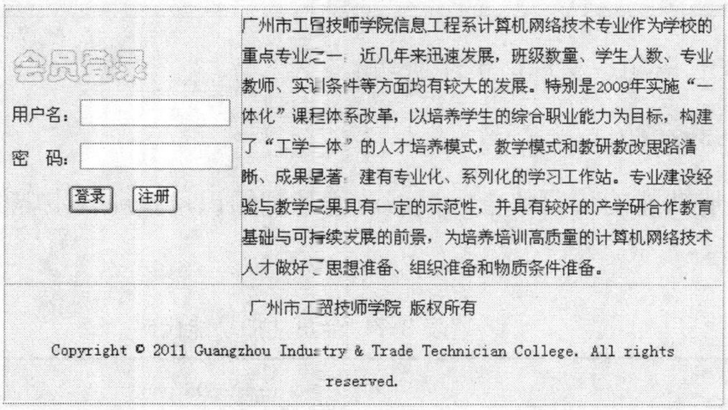
文 件 名	index.php
登录成功	
登录失败	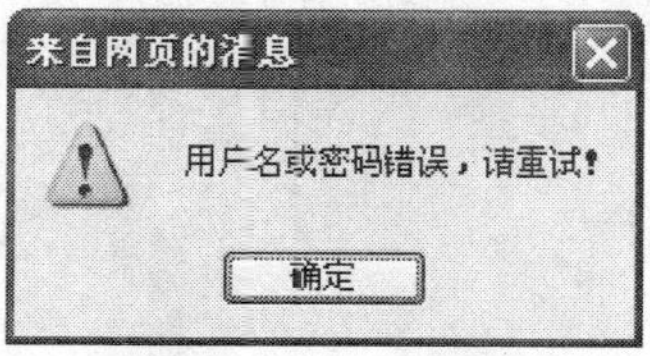

页面
关键代码
	<?php
	　if(!isset($_COOKIE["account"]))
	{
	?>
	<form action="memberLoginOK.php" method="post">
	<!--请在此处自行补齐会员登录的表单-->
	</form>
	<?php
	}
	else
	{
	echo "欢迎你,". $_COOKIE['account'];
	}
	?>

在会员中心的首页，当会员登录成功时设置会员的登录状态，并将页面内容自动转化

为会员专区、会员信息等内容；当登录失败时提示“用户名或密码错误，请重试”。因此，在实现时需要根据登录状态进行判断，即$_COOKIE['account']。

2）会员登录功能程序流程图。根据前述表单的定义及会员中心首页的功能需求，结合会员登录功能的后台代码，使用 Microsoft Office 软件绘制详细的会员登录功能程序流程图。

3）会员登录功能的实现。

①访问数据库服务器。因为已经定义了独立的 dbtools.inc.php 页面，封装了访问数据库的前期操作，所以此处只需要包含 dbtools.inc.php 文件即可实现访问数据库的功能。包含方法为：

②获取表单元素值。在 memberLoginOK.php 中获取会员登录信息的表单元素值，并赋给相应的变量。获取用户账号和密码的变量定义过程如下。

```
$account = $_POST["account"];
$password = $_POST["password"];
```

③定义查询会员信息的 SQL 语句。如果会员输入的账号及密码有效，则需要将采集的用户信息与数据库端数据进行对比。如果存在匹配数据，则登录成功；否则登录失败。根据 SQL 查询语句的语法格式，结合前述获取的表单元素值，编制用于校验登录是否成功的动态 SQL 条件查询语句，并将内容赋给变量$sql。

④执行 SQL 语句，并根据匹配结果，参考前述界面原型，在页面展示不同的效果。基本流程图（见图 3-16）。

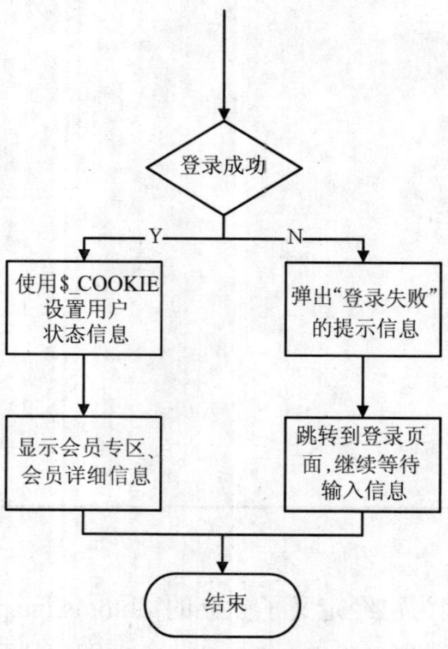

图3-16　登录结果处理流程图

在登录成功后，需要使用$_COOKIE 全局变量设置用户登录状态。请通过查阅资料，结合会员登录功能，完成以下问题。

a）写出 PHP 写入 Cookie 的内置函数以及参数说明。

b）写出 PHP 删除 Cookie 的方法以及参数说明。

c）说明 PHP 访问 Cookie 的方法。

d）写出 PHP 的常用预定义变量，并分别说明其含义，见表 3-9。

表 3-9　PHP 的常用预定义变量及其含义

预定义变量	含　义

e）根据前述知识，完成会员登录功能的用户登录状态信息处理过程。

⑤会员登录成功后，除需要使用$_COOKIE 记录用户的登录信息外，还需要将会员中心的页面内容自动替换为会员专区及会员详细信息。其中，在判断用户是否登录成功时，可以根据是否设置用户登录的状态信息进行判断，如使用 isset($_COOKIE["account"])判断用户是否已经处于登录状态。请描述 isset 方法的作用。

⑥会员登录功能的代码整合。根据前述基础知识，整理各步骤的关键代码，完成会员登录功能，见表 3-10。

表 3-10　会员登录功能代码

<table>
<tr><th>文件名</th><th colspan="2">index.php</th></tr>
<tr><td rowspan="5">表
单
及
关
键
代
码</td><td>(1)会员专区欢迎语</td><td><?php
　echo "欢迎你,".$_COOKIE['account'];
?></td></tr>
<tr><td>(2)修改会员信息入口</td><td><a href="memberUpdate.php">修改会员信息</a></td></tr>
<tr><td>(3)删除会员信息入口</td><td><a href="memberDelete.php"
onclick="javascript:return confirm('确定删除吗？');">
删除会员信息</a></td></tr>
<tr><td>(4)退出登录功能入口</td><td><a href="memberExit.php">退出登录</a></td></tr>
<tr><td>(5)会员详细信息</td><td><?php
　include("dbtools.inc.php");
　if(! empty($_COOKIE["account"]))
　{
　　$account = $_COOKIE["account"];
　}
　$sql = "select * from users where account='$account'";
　$result = mysql_query($sql, $con);
　if(mysql_num_rows($result) > 0)
　{
　　$row = mysql_fetch_assoc($result);
　}
?>
<!--此处为会员详细信息的部分代码-->
　<tr>
　　<td width="20%"><div align="right">用户账号：</div></td>
　　<td width="30%"><?php echo $row["account"];?> </td>
　　<td width="20%"><div align="right">用户密码：</div></td>
　　<td width="30%"><?php echo $row["password"];?> </td>
　</tr>
　<tr>
　　<td><div align="right">姓名：</div></td>
　　<td><?php echo $row["name"];?> </td>
　　<td><div align="right">性别：</div></td>
　　<td><?php echo $row["sex"];?> </td>
　</tr></td></tr>
</table>

（3）实现修改会员信息功能

1）修改会员信息功能的实现流程（见图 3-17）。

修改会员信息功能即对当前登录会员的原有信息进行修改，以完成自身数据的维护。

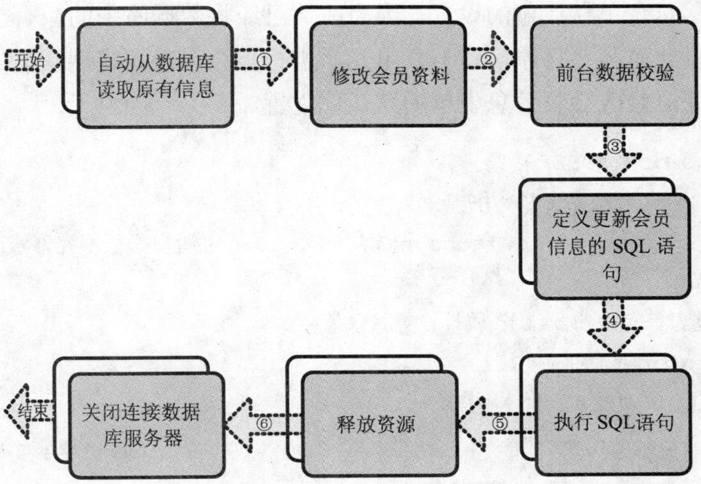

图3-17　修改会员信息功能的实现流程

2）自动从数据库读取原有信息。

①编制查询语句。修改会员信息需要先从数据表中将本用户的数据读取出来，即通过根据当前用户的登录账号信息查询数据库中的已有数据信息。创建修改会员信息的页面memberUpdate.php，在该页面编制查询当前登录会员信息的动态SQL语句，并将内容赋给变量$sql。

$sql =____

____

②执行查询语句，并保存结果。通过执行$sql语句将查询结果存放在记录集中，供后续修改会员信息表单的默认值使用。参考代码如下。

```
<?php
 include_once("dbtools.inc.php");
 $sql = "select * from users where account='$_COOKIE[account]'";
 $result = mysql_query($sql, $con);
 $row = mysql_fetch_assoc($result);
?>
```

3）修改会员资料。

①创建修改会员信息的表单。修改会员信息前需要创建表单，以存放会员的原有信息并保存新修改的信息。表单的创建过程类似于会员注册功能，其中，根据业务需求有部分信息项不允许修改。请写出不允许修改的信息项。

____

____

____

②修改会员信息表单默认值的设置。因为前期已经将数据库中的原有会员信息读出并保存在结果集，所以此时需要将原信息与表单元素进行整合，以完成默认值的赋值过程。以如下代码为参考，完成修改会员信息表单的默认值设置。

```
<tr bgcolor="#99FF99">
  <td align="right">*用户账号：</td>
  <td><?php echo $row[account]; ?></td><!—用户账号不允许修改-->
</tr>
<!--通过表单元素的 value 属性设置默认值-->
<tr bgcolor="#99FF99">
  <td align="right">*用户密码：</td>
  <td><input name="password" id="password" type="password" size="20"
value="<?php echo $row[password]; ?>"> (请使用英文或数字)</td>
</tr>
<tr bgcolor="#99FF99">
  <td align="right">*密码确认：</td>
  <td><input name="re_password" id="re_password" type="password"
size="20" value="<?php echo $row[password]; ?>">(再输入一次密码)</td>   </tr>
<tr bgcolor="#99FF99">
  <td align="right">*姓名：</td>
  <td><input name="name" id="name" type="text" size="8" value="<?php echo
$row[name]; ?>"></td>
</tr>
```

③修改会员信息表单中特殊表单元素默认值的设置。在修改会员信息表单中，可能会存在类似于性别、出生日期等特殊表单元素显示的默认值。通过查阅资料，调试程序，理解程序代码段的含义，见表 3-11。

表 3-11 修改会员信息表单中特殊表单元素默认值的设置

项目	表单元素定义	隐藏表单元素设置	JavaScript 代码——设置默认值
性别	`<input type="radio" name="sex"id="male" value="男">男 <input type="radio" name="sex" id="female" value="女">女`	`<input type="hidden" name ="sex1"id="sex1" value="<?php echo $row[sex];?>">`	`if(document.getElementById("sex1").value="男") { document.getElementById("male").checked=true; } else { document.getElementById("female").checked=true; }`

（续）

项目	表单元素定义	隐藏表单元素设置	JavaScript 代码——设置默认值

出生年份	<select name="year" id="year">
	<option value="">--请选择--</option>
	<option value="2000">2000</option>
	<option value="1999">1999</option>
	<option value="1998">1998</option>
	</select>年
		<input type="hidden" name="year1" id="year1" value="<?php echo $row[year];?>">	year=document.getElementById("year");
			for(i=0;i<year.length;i++)
			{
			if(document.getElementById("year"),value=year.options[i].value)
			{
			year.options[i].selected=true;
			}
			}

4）前台数据校验。

修改会员信息时，在向服务器端提交数据前，同样存在类似于会员注册功能的前台数据校验。校验内容包括用户输入数据是否为空、输入数据是否非法等。根据系统设计，参考会员注册功能，完成修改会员信息功能的前台数据校验。

5）后台更新会员信息。

当前台数据校验通过后，数据将被提交至服务器，并完成数据库服务器数据的更新过程。

①创建并打开更新会员信息的程序文件 memberUpdateOK.php。

访问数据库服务器更新会员信息的过程即将采集的用户数据更新到数据库中的当前会员。因此，需要建立与数据库服务器的连接，从而实现与数据库的交互。

```
include_once("dbtools.inc.php");
```

②获取表单元素值。通过预定义变量，获取全部待更新的表单元素值。

```
$password = $_POST["password"];
```

③定义更新信息的 SQL 语句。SQL 更新语句的语法格式为：

Update 表名 set 字段 1=值 1,字段 2=值 2,…字段 n=值 n where 查询条件

根据以上语法格式，结合更新会员信息的表单及功能需求，写出更新会员信息的 SQL 语句，并将结果赋给变量$sql。

6）执行 SQL 语句，并根据执行结果完成后续操作。

根据程序运行结果，完善修改会员信息功能，弹出执行成功与否的提示信息，并将页面跳转至会员中心首页。

（4）实现删除会员信息功能

1）删除会员信息功能的实现流程。

删除会员信息功能即将保存在数据库中的会员信息使用 SQL 语句删除。在一般情况下，在删除之前需要给出确认删除的提示信息，以保证删除数据的主观安全性（见图 3-18）。

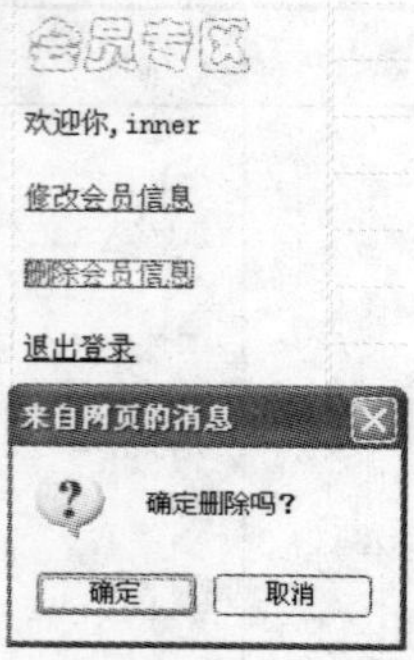

图3-18 确认删除的提示

2）“确认删除”提示信息的实现方法

在会员专区删除会员信息的入口链接处，需要提供确认删除的提示信息，以实现当单击删除会员信息时给出确认提示。其实现方法如下。

```
<a href="memberDelete.php" onclick="javascript:return confirm ('确定删除吗? ');">
删除会员信息</a>
```

①SQL 条件删除语句。SQL 条件删除语句的语法格式为：

DELETE FROM 表名 WHERE 条件

②创建删除功能页面 memberDelete.php，并根据 SQL 条件删除语句的语法格式，编制删除当前登录会员的动态 SQL 语句，并将内容赋给变量$sql。

③执行 SQL 语句，并根据执行结果完成后续操作。根据程序运行结果，完善删除会员信息功能，弹出执行成功与否的提示信息，并将页面跳转至会员中心首页，见表 3-12。

表 3-12 删除会员信息功能的操作界面及关键代码

入口定义及确认提示	<a href="memberDelete.php" onclick="javascript:return confirm('确定删除吗? ');"> 删除会员信息</a>

删除功能代码	<?php
	include_once("dbtools.inc.php");
	if(!isset($_COOKIE["account"]))
	{
	echo"<script language='javascript'>window.location='index.php'</script>";
	exit;
	}else
	{
	$account = $_COOKIE["account"];

（续）

删除功能代码	`$sql = "delete from users where account='$account'";`
	`mysql_query($sql, $con);`
	`mysql_close($con);`
	`setCookie("account","",time()-3600);`
	`}`
	`?>`

删除后界面	

（5）实现退出登录功能

与会员登录恰好相反，退出登录功能需要将当前用户的登录状态及登录信息进行清除，以恢复未登录状态。根据退出登录功能的详细设计，完成该功能的代码编制。

1）创建并打开 memberExit.php 页面，用以实现退出登录功能。

2）通过查阅资料，结合前述知识，根据程序运行流程补齐关键代码（见图 3-19）。

```
<?php
    //删除登录成功时设置的Cockie值
    ______________________________________
    ______________________________________
    //完成页面的自动跳转功能，将页面重定向到会员中心首页，即：index页面
    ______________________________________
    ______________________________________
    ______________________________________
    ______________________________________
?>
```

图3-19 memberExit.php页面关键代码

3）完成退出登录与会员中心首页的功能整合，并调试以保障运行无错。

4. 管理员专区

（1）实现管理员登录功能

实现管理员登录功能时需要创建表单，以采集用户输入的账号信息，并将该账号信息与数据库中的已有数据进行对比。如果匹配成功，则管理员登录成功；否则，管理员登录失败。根据管理员登录功能的界面设计，完成该功能的表单定义，见表 3-13。

表 3-13　管理员登录表单及功能代码

文件名	adminLogin.php
登录界面	
登录成功	登录成功后，页面自动跳转至 adminManagement.php，完成会员管理功能
登录失败	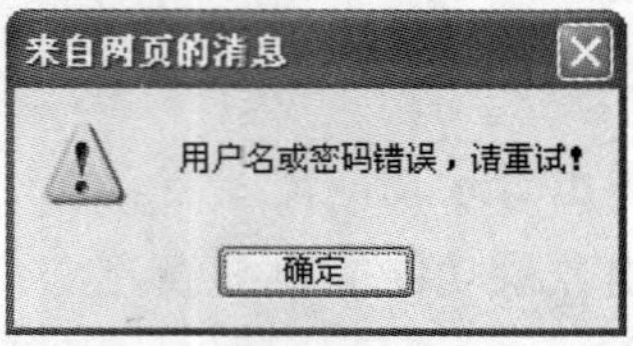 登录失败后，再次回到 adminLogin.php 页面，继续等待管理员输入账号信息
关键代码	（见下方代码）

```
<?php
include("dbtools.inc.php");
if(isset($_POST["submit"]))
{
   $account = $_POST["account"];
$password = $_POST["password"];
$sql = "select * from users where account='$account' and password='$password' and
usertype='admin'";
$result = mysql_query($sql, $con);
if(mysql_num_rows($result) > 0)
{
$row = mysql_fetch_assoc($result);
     setCookie("account",$account);
     echo "<script language='javascript'>";
     echo "window.location='adminManagement.php'";
     echo "</script>";
     }
     else
     {
     echo "<script language='javascript'>";
     echo "alert('用户名或密码错误，请重试！');";
     echo "history.back();";
     echo "</script>";
     }
}
?>
```

当管理员登录成功后，及时设置管理员的登录状态，并将页面内容自动跳转至会员管理页面，即 adminManagement.php；当登录失败时，提示“用户名或密码错误，请重试”，并将页面回退到 adminLogin.php，供管理员再次输入账号信息。

（2）实现会员管理列表功能

当管理员登录成功后，系统会将数据表中满足条件的会员信息以表格的形式列举，并保留入口信息供管理员修改、删除会员信息。

1）创建会员管理列表页面 adminManagement.php，用来承载会员列表信息，并提供对会员信息进行增、删、改的入口。

2）读取会员信息，以备后续管理使用。关键代码如下。

```
<?php
include_once("dbtools.inc.php");
$sql = "select * from users where usertype='member'";
$result = mysql_query($sql, $con);
?>
```

3）利用 HTML 与 PHP 的相互嵌套功能，完成会员列表的展示，见表 3-14。

表 3-14　展示会员列表的关键代码

显示效果

账号	姓名	性别	出生日期	昵称	移动电话	E-mail	操作
xf007	晓飞	男	1990年2月26日	飞飞	1380013900	xf007@test.com	修改会员信息 删除会员信息
sx	姗萱	女	1998年12月31日	萱儿	1380013700	sx@test.com	修改会员信息 删除会员信息

关键代码

```
<table width="700" border="1" cellspacing="0" cellpadding="0" align="center">
<tr>
     <th>账号</th>
     <th>姓名</th>
     <th>性别</th>
     <th>出生日期</th>
     <th>昵称</th>
     <th>移动电话</th>
     <th>E-mail</th>
     <th>操作</th>
</tr>
<?php
     while($row = mysql_fetch_array($result))
     {
      echo "<tr>";
      echo "<td>$row[account]</td>";
      echo "<td>$row[name]</td>";
      echo "<td>$row[sex]</td>";
      echo "<td>$row[year]年$row[month]月$row[day]日</td>";
      echo "<td>$row[nickname]</td>";
      echo "<td>$row[mobilephone]</td>";
      echo "<td>$row[email]</td>";
      echo "<td><a href='adminUpdate.php?id=$row[id]'>修改会员信息</a> <a href='adminDelete.php?id=$row[id]' onclick='javascript:return checkInfo();'>删除会员信息</a></td>";
         echo "</tr>";
     }
?>
</table>
```

（3）实现修改会员信息功能

1）修改会员信息功能的实现流程（见图 3-20）。

管理员操作修改会员信息功能，即由管理员对选定会员的原有信息进行修改，以完成会员数据的维护。

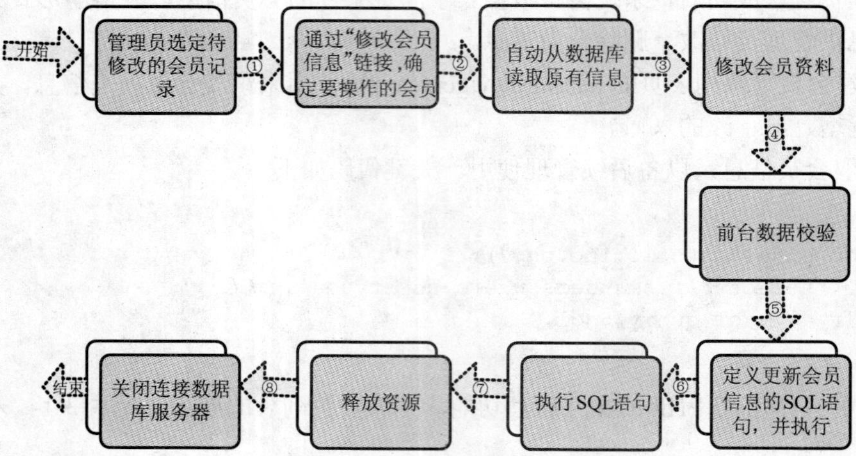

图3-20　修改会员信息功能的实现流程

2）管理员选定待修改的会员记录。

管理员通过修改会员信息功能确定要修改的会员记录。此时，想要确定会员记录，需要将选定的会员记录唯一值或主键传入管理员修改会员信息功能页面，即 adminUpdate.php。

①传递参数。传递参数至 adminUpdate.php 页面的过程可以通过超级链接的 URL 参数来实现，即：

```
<a href='adminUpdate.php?id=$row[id]'>修改会员信息</a>
```

②修改会员信息功能。需要先从数据表中将选定会员的数据读取出来，即通过根据 URL 参数信息查询数据库中的已有数据信息。创建修改会员信息的页面 adminUpdate.php，在该页面根据 URL 参数获取会员信息的唯一值或主键。因为采用 URL 参数传递的方式传送参数值，所以可以采用$_GET 方式来获取参数值。

```
$id = $_GET["id"];
```

③根据获取的参数值，编制查询会员信息的动态 SQL 语句，并将内容赋给变量$sql。

____

____

④执行查询语句，并保存结果。通过执行$sql 语句将查询结果存放在记录集中，供后续修改会员信息表单的默认值使用。

```
<?php
```

```
    include_once("dbtools.inc.php");
    $id = $_GET["id"];
    $sql = "select * from users where id='$id'";
    $result = mysql_query($sql, $con);
    $row = mysql_fetch_assoc($result);
?>
```

3）修改会员资料。

①创建修改会员信息的表单。修改会员信息前需要创建表单，以存放会员的原有信息，并保存新修改的信息。表单的创建过程类似于会员中心修改会员信息功能中表单的创建过程，其中，根据业务需求，有部分信息项不允许修改。请在此写出不允许修改的信息项。

____

____

②修改会员信息表单默认值的设置。因为已经将数据库中的原有会员信息读出，并保存在结果集。所以此时需要将原信息与表单元素进行整合，以完成默认值的赋值过程，见表 3-15。

表 3-15　修改会员信息的显示效果及部分关键代码

显示效果

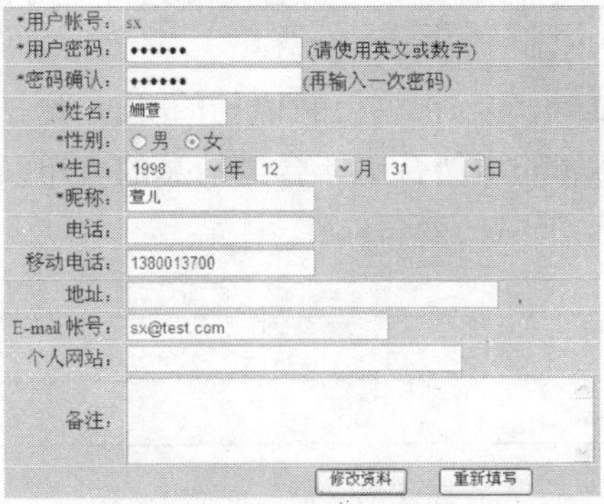

部分关键代码

```
<tr bgcolor="#99FF99">
  <td align="right">*用户账号: </td>
  <td><?php echo $row[account]; ?></td>
</tr>
<tr bgcolor="#99FF99">
  <td align="right">*用户密码: </td>
  <td><input name="password" id="password" type="password" size="20" value="<?php echo
$row[password]; ?>"> (请使用英文或数字)</td>
</tr>
<tr bgcolor="#99FF99">
  <td align="right">*密码确认: </td>
  <td><input name="re_password" id="re_password" type="password" size="20" value="<?php
echo $row[password]; ?>"> (再输入一次密码)</td>
</tr>
<tr bgcolor="#99FF99">
  <td align="right">*姓名: </td>
  <td><input name="name" id="name" type="text" size="8" value="<?php echo $row[name]; ?>"></td>
</tr>
<!--此处补齐剩余代码-->
```

③修改会员信息表单中特殊表单元素默认值的设置。在修改会员信息表单中，可能会存在类似于性别、出生日期等特殊表单元素显示的默认值。通过查阅资料，结合会员中心修改会员信息相关功能的实现方式，调试程序，完成特殊表单元素的默认值设置。

4）前台数据校验。

修改会员信息功能在向服务器端提交数据前同样存在类似于会员中心修改会员信息功能的前台数据校验。校验内容包括用户输入数据是否为空、输入数据是否非法等。根据系统设计，参考会员中心修改会员信息功能，完成修改会员信息功能的前台数据校验。

5）后台更新会员信息。

当前台数据校验通过后，数据将被提交至服务器，并完成数据库服务器数据的更新过程。

①创建并打开更新会员信息的程序文件 adminUpdateOK.php。

②访问数据库服务器。更新会员信息的过程即将采集的用户数据更新到数据库中的选定会员。因此，需要建立与数据库服务器的连接，从而实现与数据库的交互。

```
include_once("dbtools.inc.php");
```

③获取表单元素值。通过预定义变量，获取全部待更新的表单元素值。

```
$password = $_POST["password"];
```

④定义更新信息的 SQL 语句。根据更新语句的 SQL 语法格式，参考会员中心修改会员信息功能 memberUpdateOK.php，结合更新会员信息的表单及功能需求，写出管理员更新会员信息的 SQL 语句，并将结果赋给变量$sql。

____

____

____

____

____

____

____

____

6）执行 SQL 语句，并根据执行结果完成后续操作。

根据程序运行结果，完善管理员修改会员信息功能，弹出执行成功与否的提示信息，并将页面跳转至会员管理功能页面，即 adminManagement.php。

（4）实现删除会员信息功能

1）删除会员信息功能的实现流程。

管理员删除会员信息功能即将保存在数据库中的会员信息使用 SQL 语句删除。其操作流程与会员中心删除会员信息一致，即在删除之前需要给出确认删除的提示信息，以保证删除数据的主观安全性（见图 3-21）。

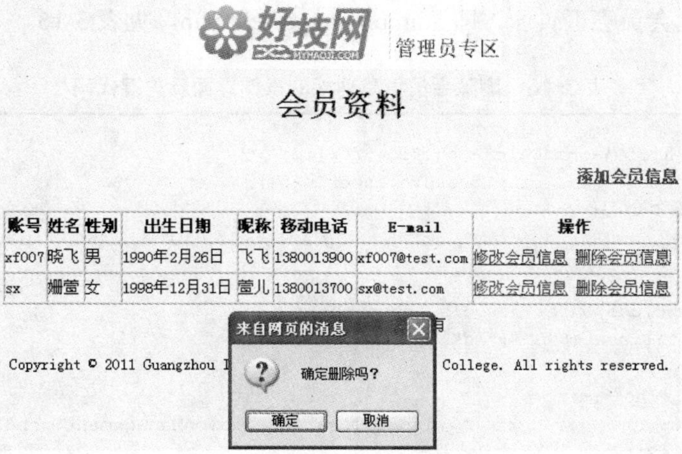

图3-21　确认删除的提示信息

2）确认删除提示信息的实现方法。

参考会员专区删除会员信息的 JavaScript 确认删除的提示信息，完成当单击删除会员信息功能时，给出确认提示。其实现方法如下。

```
<!--删除会员信息的功能入口-->
<a href='adminDelete.php?id=$row[id]'
onclick='javascript:return checkInfo();'>
删除会员信息</a>
<!--确认删除的 javascript 代码-->
<script language="javascript">
 function checkInfo()
 {
     if(confirm("确定删除吗？"))
         return true;
     return false;
 }
</script>
```

3）创建删除功能页面，并定义 SQL 删除语句。

创建删除功能页面 adminDelete.php，并根据通过获取 URL 参数传递的会员主键信息，编制 SQL 条件删除语句，并将内容赋给变量$sql。

4）执行 SQL 语句，并根据执行结果完成后续操作。

根据程序运行结果，完善删除会员信息功能，弹出执行成功与否的提示信息，并将页面跳转至管理员专区会员管理页面，即 adminManagement.php，见表 3-16。

表 3-16　删除会员信息功能的操作界面及关键代码

<table>
<tr><td>入口定义及确认提示</td><td><a href='adminDelete.php?id=$row[id]'
onclick='javascript:return checkInfo();'>
删除会员信息</a></td></tr>
<tr><td>删除功能代码</td><td><?php
include_once("dbtools.inc.php");
if(!isset($_GET["id"]))
{
echo"<script
language='javascript'>window.location='adimnManagement.php'</script>";
exit;
}else
{
$id = $_GET["id"];
$sql = "delete from users where id=$id";
mysql_query($sql, $con);
mysql_close($con);
echo"<script
language='javascript'>window.location='adminManagement.php'</script>";
}
?></td></tr>
<tr><td>删除后界面</td><td>
</td></tr>
</table>

会员管理功能整合

1. 界面原型

（1）会员中心

对于前述完成的会员中心相关任务，功能相对零散。在通常情况下，需要将该类功能重新进行整合，才可以更好地满足用户需求，从而提高用户的操作体验。例如，将会员中心的所有功能都集中在会员中心首页，见表3-17。

表3-17　会员中心首页

文件名	index.php
登录前	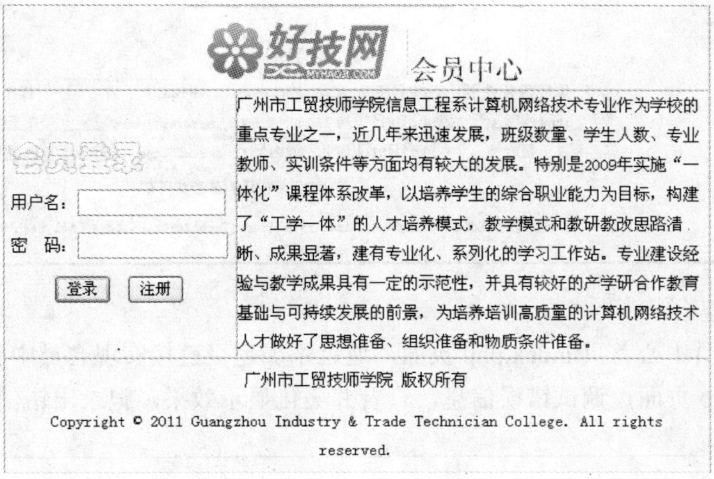
登录后	

（2）管理员专区

对于前述完成的管理员专区相关任务，需要进一步整合，如在会员管理 adminManagement.php 页面增加添加会员信息功能，并集成修改会员信息与删除会员信息的功能，从而更好地满足用户需求，从而提高用户的操作体验，见表3-18。

表 3-18　管理员专区的会员管理页面效果

文件名	adminManagement.php
界面	

2. 进行整合

1）在会员中心首页 index.php 页面，通过添加超级链接实现会员中心功能的整合，尝试运行 index.php 页面，调试错误信息，查看并美化显示效果，记录出错信息及解决办法。

____

____

____

____

2）在管理员专区模块，通过调试管理员登录成功后的跳转页面，实现管理员登录与会员管理的功能整合过程，尝试运行 adminLogin.php 页面，调试其页面跳转功能，记录出错信息及解决办法。

____

____

____

____

3）在管理员专区会员管理模块，通过拓展添加会员信息功能完成管理员添加会员信息的功能。尝试单击“添加会员信息”链接，调试其功能实现效果及页面跳转功能，记录出错信息及解决办法。

____

____

____

4）在管理员专区会员管理模块，通过调试修改会员信息和删除会员信息功能完成会员管理功能。尝试单击修改会员信息和删除会员信息功能的链接入口，调试其功能实现效果及页面跳转功能，记录出错信息及解决办法。

活动评价

活动3考核评价表

<table>
<tr><th rowspan="3">评价内容</th><th rowspan="3">指标</th><th rowspan="3">评价项目</th><th colspan="3">评价方式</th><th rowspan="3">综合评价</th></tr>
<tr><th>自评</th><th>组评</th><th>师评</th></tr>
<tr><th>0.2</th><th>0.3</th><th>0.5</th></tr>
<tr><td rowspan="5">专业能力
(60分)</td><td rowspan="5">知识
技能</td><td>实施准备</td><td></td><td></td><td></td><td rowspan="5"></td></tr>
<tr><td>搭建站点</td><td></td><td></td><td></td></tr>
<tr><td>数据库开发</td><td></td><td></td><td></td></tr>
<tr><td>会员管理功能实现</td><td></td><td></td><td></td></tr>
<tr><td>会员管理功能整合</td><td></td><td></td><td></td></tr>
<tr><td rowspan="6">社会能力
(30分)</td><td rowspan="2">情感
态度</td><td>出勤、纪律</td><td></td><td></td><td></td><td rowspan="6"></td></tr>
<tr><td>学习态度</td><td></td><td></td><td></td></tr>
<tr><td rowspan="2">团队
合作</td><td>讨论、互动</td><td></td><td></td><td></td></tr>
<tr><td>协作精神</td><td></td><td></td><td></td></tr>
<tr><td rowspan="2">沟通
能力</td><td>语言表达</td><td></td><td></td><td></td></tr>
<tr><td>沟通领会</td><td></td><td></td><td></td></tr>
</table>

（续）

<table>
<tr><th rowspan="3">评价内容</th><th rowspan="3">指标</th><th rowspan="3">评价项目</th><th colspan="3">评价方式</th><th rowspan="3">综合评价</th></tr>
<tr><th>自评</th><th>组评</th><th>师评</th></tr>
<tr><th>0.2</th><th>0.3</th><th>0.5</th></tr>
<tr><td rowspan="3">方法能力
（10分）</td><td rowspan="3">方法
能力</td><td>学习能力</td><td></td><td></td><td></td><td rowspan="4"></td></tr>
<tr><td>收集和处理信息的能力</td><td></td><td></td><td></td></tr>
<tr><td>创新精神</td><td></td><td></td><td></td></tr>
<tr><td colspan="3">合　计</td><td></td><td></td><td></td></tr>
<tr><td colspan="2">学生对活动的
综合评价</td><td colspan="5"></td></tr>
<tr><td colspan="2">教师对活动的
综合评价</td><td colspan="5"></td></tr>
</table>

活动4　会员管理功能测试

学习目标

1）能够正确运用软件测试的常用概念。

2）能够完成会员管理功能的测试。

3）能够及时记录测试结果，并对出错信息进行调试、修正。

知识准备

从使用工具来看，软件测试的方法又可分为静态测试和动态测试。

静态测试是人工评审软件文档或程序，以发现其中的错误。由于评审的文档或程序不必运行，所以称为静态测试。

动态测试是通常的上机测试，这种方法是使程序有控制地运行，并从多种角度观察程序的行为，以发现其中的错误。

在软件维护阶段，当修改软件后，除了对修改部分进行常规测试外，还需对软件的其他部分进行回归测试，即全部或部分地重复已做过的测试，从而检查修改部分是否对未修改部分引入了新的错误。

学习过程

请根据会员管理的功能划分，完成测试，并填写测试结果，见表3-19。

表3-19　会员管理功能测试结果

功能模块	子模块	测试结果	存在问题	解决方法
公共文件	访问数据库文件	□完全实现 □基本实现 □未实现		
	copyright.php 版权信息	□完全实现 □基本实现 □未实现		
	style.css 样式表文件	□完全实现 □基本实现 □未实现		
会员中心	memberLogo 显示	□完全实现 □基本实现 □未实现		
	会员注册	□完全实现 □基本实现 □未实现		
	会员登录	□完全实现 □基本实现 □未实现		
	修改会员信息	□完全实现 □基本实现 □未实现		
	删除会员信息	□完全实现 □基本实现 □未实现		
	退出登录	□完全实现 □基本实现 □未实现		

（续）

功能模块	子模块	测试结果	存在问题	解决方法
管理员专区	管理员登录页面	□完全实现 □基本实现 □未实现		
	会员管理 adminManagement.php	□完全实现 □基本实现 □未实现		
	添加会员信息	□完全实现 □基本实现 □未实现		
	修改会员信息	□完全实现 □基本实现 □未实现		
	删除会员信息	□完全实现 □基本实现 □未实现		

活动评价

活动 4 考核评价表

评价内容	指标	评价项目	评价方式			综合评价
			自评	组评	师评	
			0.2	0.3	0.5	
专业能力 (60 分)	知识技能	知识准备				
		单元测试				
		集成测试				
社会能力 (30 分)	情感态度	出勤、纪律				
		学习态度				
	团队合作	讨论、互动				
		协作精神				
	沟通能力	语言表达				
		沟通领会				
方法能力 (10 分)	方法能力	学习能力				
		收集和处理信息的能力				
		创新精神				
合　计						

（续）

评价内容	指标	评价项目	评价方式			综合评价
			自评	组评	师评	
			0.2	0.3	0.5	
学生对活动的综合评价						
教师对活动的综合评价						

活动5　会员管理功能验收

学习目标

1）能够正确打包会员管理功能项目。

2）能够编制简单的项目开发总结报告。

知识准备

项目开发总结报告是在项目验收或结案后所需编制的文档。其在整个项目开发过程中相对滞后，甚至被排除在项目开发过程以外，因此经常被忽略。事实上，项目总结中最有价值的内容就是总结经验与教训，提升团队能力，从而为后续类似的工作提供参考。项目开发总结报告通常包括以下内容。

1）引言：对该文档进行概括性描述，说明该文档的编写目的、项目背景，并且对其中所使用的专业术语建立专门的词汇解释表等。

2）实际开发结果：对已经完成的工作进行概要性总结，包括：①产品的基本资料，如程序的名称、版本、文件名称、数据库等；②主要功能和性能；③系统最终的基本处理流程；④开发进度执行情况；⑤费用开支执行情况等。

3）开发工作评价：针对开发工作的情况进行简要评价，如生产效率、产品质量、技术方法使用情况、出错原因分析等。

4）经验与教训：这是项目开发总结报告中最有价值的一部分，对本次开发过程中所获得的主要经验与教训进行总结，以便指导后续类似的开发工作。

学习过程

打包项目

对于已经开发完成的会员管理功能，需要进一步整理代码、数据库结构、图片等内容，以备代码移植或发布网站使用。请按照以下思路，正确打包会员管理项目。

1. 整理代码

将开发成果通过站点管理进行整理，删除其中的多余页面或内容。

2. 导出数据库结构

在进行项目打包的同时，将该项目对应的数据库结构同步打包，并保存至站点根目录文件夹中。

3. 打包提交

以项目名称+开发团队的名称命名，将会员管理功能的全部过程文件及代码压缩，如“会员管理功能——精英软件开发工作室.rar”，提交至教师指定的服务器目录。

编制项目开发总结报告

参考项目开发总结报告的相关知识点及编制指南，填写会员管理功能的项目开发总结报告，内容包括引言、实际开发结果、开发工作评价、经验与教训等。

活动评价

活动 5 考核评价表

评价内容	指标	评价项目	评价方式			综合评价
			自评	组评	师评	
			0.2	0.3	0.5	
专业能力 (60 分)	知识 技能	整理代码				
		项目打包与提交				
		任务总结				
社会能力 (30 分)	情感 态度	出勤、纪律				
		学习态度				
	团队 合作	讨论、互动				
		协作精神				
	沟通 能力	语言表达				
		沟通领会				
方法能力 (10 分)	方法 能力	学习能力				
		收集和处理信息的能力				
		创新精神				
合　计						
学生对活动的综合评价						
教师对活动的综合评价						